군무원
15일완성

통신직

군무원
15일완성 통신직

초판 1쇄 발행		2021년 5월 12일
2쇄 발행		2022년 2월 23일

편 저 자	|	공무원시험연구소
발 행 처	|	㈜서원각
등록번호	|	1999-1A-107호
주　　　소	|	경기도 고양시 일산서구 덕산로 88-45(가좌동)
교재주문	|	031-923-2051
팩　　　스	|	031-923-3815
교재문의	|	카카오톡 플러스 친구[서원각]
영상문의	|	070-4233-2505
홈페이지	|	www.goseowon.com
책임편집	|	정유진
디 자 인	|	이규희

군무원이란 군 부대에서 군인과 함께 근무하는 공무원으로서 신분은 국가공무원법 상 특정직 공무원으로 분류된다. 군무원은 선발인원이 확충되는 추세에 따라 지원 자도 많아지며 매년 그 관심이 높아지고 있다. 특히 군무원은 특별한 자격이나 면 허가 별도로 요구되지 않으며 연령, 학력, 경력에 제한 없이 응시할 수 있다(11개 직렬 제외). 또한 공통과목인 '영어' 과목은 영어능력검정 시험으로 대체, '한국사' 과목은 한국사능력검정시험으로 대체되어 9급의 경우 직렬별로 요구되는 3과목만 실시한다.

본서는 9급 군무원 통신직 시험 과목인 국어, 통신공학, 전자공학의 출제 예상문 제를 다양한 난도로 수록하고 있다. 15일 동안 총 300문제를 통해 자신의 학습상 태를 점검할 수 있도록 구성하였다. 시험 직전, 다양한 유형의 문제를 풀어봄과 동시에 상세한 해설을 통해 주요 이론을 반복 학습하면서 매일 매일 실력을 향상 시킬 수 있다.

1%의 행운을 잡기 위한 노력! 본서가 수험생 여러분의 행운이 되어 합격을 향한 노력에 힘을 보탤 수 있기를 바란다.

$\mathcal{S}$ TRUCTURE

자기 맞춤 학습 플랜

매일 매일 과목별로 자신만의 학습 플랜을 만들어 학습할 수 있도록 구성하였습니다. 자기 자신만의 속도와 학습 진도에 맞춘 학습 플랜을 통해 보다 완벽한 계획을 세울 수 있습니다.

하루 20문제

하루 20문제의 다양한 영역, 다양한 유형의 문제를 학습하고 자신만의 오답노트를 만들어 최종 마무리까지 단 한 권으로 완성할 수 있습니다.

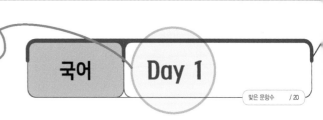

맞은 문항수   / 20

1 다음 제시된 단어 중 표준어는?

① 촛점   ② 구렛나루
③ 재털이   ④ 꺼림직하다

📢 Point ④ '꺼림직하다'는 과거 '꺼림칙하다', '께름칙하다'의 비표준어였으나 2018년 국립국어원에서 표준어로 인정하였다.
① 초점 ② 구레나룻 ③ 재떨이

2 다음 밑줄 친 단어와 같은 의미로 쓰인 것은?

> 충신이 반역죄를 <u>쓰고</u> 감옥에 갇혔다.

① 밖에 비가 오니 우산을 <u>쓰고</u> 가거라.
② 광부들이 온몸에 석탄가루를 까맣게 <u>쓰고</u> 일을 한다.
③ 그는 마른 체격에 테가 굵은 안경을 <u>썼고</u> 갸름한 얼굴이다.
④ 뇌물 수수 혐의를 <u>쓴</u> 정치인은 결백을 주장했다.

📢 Point 밑줄 친 부분은 '사람이 죄나 누명 따위를 가지거나 입게 되다.'라는 의미로 사용되었다.
① 산이나 양산 따위를 머리 위에 펴 들다.
② 먼지나 가루 따위를 몸이나 물체 따위에 덮은 상태가 되다.
③ 얼굴에 어떤 물건을 걸거나 덮어쓰다.

» ANSWER
1.④ 2.④

매 문제마다 상세한 해설을 달아 문제풀이만으로도 학습이 가능하도록 하였습니다. 오답분석을 통해 자신의 취약한 부분을 파악하여 보다 효율적으로 학습할 수 있습니다.

15 다음 〈보기〉의 규칙이 적용된 예시로 적절하지 않은 것은?

> 〈보기〉
>
> 한자음 '녀, 뇨, 뉴, 니'가 단어 첫머리에 올 적에는, 두음 법칙에 따라 '여, 요, 유, 이'로 적는다.
> 단, 접두사처럼 쓰이는 한자가 붙어서 된 말이나 합성어에서는 뒷말의 첫소리가 'ㄴ'으로 나더라도 두음법칙에 따라 적는다.

① 남존여비   ② 신여성
③ 만년   ④ 신연도

📢 (Point) ④ '신년도, 구년도' 등은 발음이 [신년도], [구: 년도]이며 '신년-도, 구년-도'로 분석되는 구조이므로 이 규정이 적용되지 않는다.

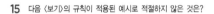

> ☆ Plus tip 한글 맞춤법 제3장 제0항 두음법칙
>
> 한자음 '녀, 뇨, 뉴, 니'가 단어 첫머리에 올 적에는, 두음 법칙에 따라 '여, 요, 유, 이'로 적는다.
> (ㄱ을 취하고, ㄴ을 버림)
>
> | ㄱ | ㄴ | ㄱ | ㄴ |
> |---|---|---|---|
> | 여자(女子) | 녀자 | 유대(紐帶) | 뉴대 |
> | 연세(年歲) | 년세 | 이토(泥土) | 니토 |
> | 요소(尿素) | 뇨소 | 익명(匿名) | 닉명 |
>
> 다만, 다음과 같은 의존 명사에서는 '냐, 녀' 음을 인정한다.
> 냥(兩) 냥쭝(兩-) 년(年)(몇 년)
> [붙임 1] 단어의 첫머리 이외의 경우에는 본음대로 적는다.
> 남녀(男女) 당뇨(糖尿) 결뉴(結紐) 은닉(隱匿)
> [붙임 2] 접두사처럼 쓰이는 한자가 붙어서 된 말이나 합성어에서, 뒷말의 첫소리가 'ㄴ'소리로 나더라도 두음 법칙에 따라 적는다.
> 신여성(新女性) 공염불(空念佛) 남존여비(男尊女卑)
> [붙임 3] 둘 이상의 단어로 이루어진 고유 명사를 붙여 쓰는 경우에도 붙임 2에 준하여 적는다.
> 한국여자대학 대한요소비료회사

문제와 연관된 학습 Tip을 함께 수록하였습니다. 문제풀이와 동시에 다양한 이론을 학습하여 기본기를 완벽하게 다질 수 있도록 구성하였습니다.

> ...새의 상황과
>
> (Point) ③ 2연에 나타난 모...
> 사람들과 동물들 ...
> ① 1연에 나열되는 ...
> 닥불로 타오르는 ...
> 민족의 공통체적...
> 계를 따지지...

> ...를 회상하며 할아버...
>
> ☆ Plus tip 백석의 「모닥...
> ⊙ 갈래 : 현대시, 서정시, 산...
> ⓒ 성격 : 회상적, 산문적
> ⓒ 제재 : 모닥불
> ② 주제 : 조화와 평등의 공...
> ⑩ 특징
> • 근대적 평등 의식이...
> • 연결의 방식이...

>> ANSWER
15.④

STUDY PLANNER

15일 완성 PLAN

 학습에서 제일 중요한 것은 계획적으로 진행하는 것입니다.
하루 20문제! 과목별, 날짜별 자신만의 학습계획을 만들어보세요. 각 문제마다 자신만의 필기노트를 완성해보세요.

1일차	2일차	3일차	4일차	5일차
월 일	월 일	월 일	월 일	월 일

6일차	7일차	8일차	9일차	10일차
월 일	월 일	월 일	월 일	월 일

11일차	12일차	13일차	14일차	15일차
월 일	월 일	월 일	월 일	월 일

5일 완성 PLAN

 15일 플랜이 끝난 후, 5일간의 최종 복습 플랜으로 탄탄한 실력을 쌓아보세요.

1일차	2일차	3일차	4일차	5일차
월 일	월 일	월 일	월 일	월 일

CONTENTS

PART I
국어

1 다음 제시된 단어 중 표준어는?

① 촛점   ② 구렛나루

③ 재털이   ④ 꺼림직하다

> **Point** ④ '꺼림직하다'는 과거 '꺼림칙하다', '께름칙하다'의 비표준어였으나 2018년 국립국어원에서 표준어로 인정하였다.
> ① 초점 ② 구레나룻 ③ 재떨이

2 다음 밑줄 친 단어와 같은 의미로 쓰인 것은?

> 충신이 반역죄를 <u>쓰고</u> 감옥에 갇혔다.

① 밖에 비가 오니 우산을 <u>쓰고</u> 가거라.
② 광부들이 온몸에 석탄가루를 까맣게 <u>쓰고</u> 일을 한다.
③ 그는 마른 체격에 테가 굵은 안경을 <u>썼고</u> 갸름한 얼굴이다.
④ 뇌물 수수 혐의를 <u>쓴</u> 정치인은 결백을 주장했다.

> **Point** 밑줄 친 부분은 '사람이 죄나 누명 따위를 가지거나 입게 되다.'라는 의미로 사용되었다.
> ① 산이나 양산 따위를 머리 위에 펴 들다.
> ② 먼지나 가루 따위를 몸이나 물체 따위에 덮은 상태가 되다.
> ③ 얼굴에 어떤 물건을 걸거나 덮어쓰다.

» ANSWER

1.④ 2.④

3 다음 밑줄 친 단어를 대신하여 사용할 수 있는 단어로 가장 적절한 것은?

> 두 사람이 <u>막역한</u> 사이라는 것을 모르는 사람이 없었다.

① 할당한
② 고취한
③ 허물없는
④ 탐닉한

📢 (Point) 막역(莫逆)하다 … 허물이 없이 아주 친하다.
　　　 ③ 허물없다 : 서로 매우 친하여, 체면을 돌보거나 조심할 필요가 없다.
　　　 ① 할당(割當)하다 : 몫을 갈라 나누다.
　　　 ② 고취(鼓吹)하다 : 힘을 내도록 격려하여 용기를 북돋우다. 또는 의견이나 사상 따위를 열렬히 주장
　　　　　하여 불어넣다.
　　　 ④ 탐닉(耽溺)하다 : 어떤 일을 몹시 즐겨서 거기에 빠지다.

4 ㉠~㉢의 밑줄 친 부분에 대한 설명으로 적절하지 않은 것은?

> ㉠ <u>다</u> 먹은 그릇은 치우고 <u>더</u> 먹을 사람은 줄을 서라
> ㉡ <u>담</u>을 넘느라 <u>땀</u>을 한 바가지는 흘렸다.
> ㉢ <u>배</u>를 하도 먹어서 그런지 <u>배</u>가 불러 죽겠다

① ㉠의 '다'와 '더'의 모음은 혀의 높낮이가 다르다.
② ㉡의 'ㄷ'과 'ㄸ'은 소리를 내는 방식이 같다.
③ ㉢의 '배'는 발음하는 동안 입술이나 혀가 움직인다.
④ ㉢에 밑줄 친 '배'는 동음이의어이다.

📢 (Point) ③ 'ㅐ'는 단모음으로 발음할 때 입술이나 혀가 고정되어 움직이지 않는다.
　　　 ① 'ㅏ'는 저모음, 'ㅓ'는 중모음으로 혀의 높낮이가 다르다.
　　　 ② 'ㄷ, ㅌ, ㄸ'는 파열음으로 소리를 내는 방식이 같다.
　　　 ④ 첫 번째 '배'는 '배나무의 열매', 두 번째 '배'는 '사람이나 동물의 몸에서 위장, 창자, 콩팥 따위의
　　　　　내장이 들어 있는 곳으로 가슴과 엉덩이 사이의 부위'의 의미를 가지는 동음이의어이다.

» ANSWER
3.③ 4.③

5 다음 빈칸에 들어갈 말로 적절한 것은?

> 감기와 가장 혼동하는 질병에는 '독감'이 있다. 독감은 종종 '감기가 악화된 것.' 또는 '감기 중에 독한 것.'이라고 오해를 받는다. 감기와 독감 모두 콧물, 기침이 나는데, 며칠이 지나면 낫는 감기와 달리 독감은 심할 경우 기관지염이나 폐렴으로 발전하고, 오한, 고열, 근육통이 먼저 나타난다. 또 감기가 시기를 타지 않는 것과 달리 독감은 유행하는 시기가 정해져 있다.
> 독감은 유행성 감기 바이러스 때문에 생긴다. 감기는 백신을 만들 수 없지만 독감은 백신을 만들 수 있다. (   ) 단, 유행성 감기 바이러스는 변이가 심하게 일어나기 때문에 매년 백신을 새로 만들어야 한다. 노약자는 그 해에 유행하는 독감 백신을 미리 맞되, 백신으로 항체가 만들어지기까지는 시간이 걸리므로 독감이 유행하기 3~4개월 전에 맞아야 한다.

① 왜냐하면 감기는 독감과는 다르게 백신에 대한 수요가 매우 적기 때문이다.
② 왜냐하면 독감 바이러스의 형태는 매우 복잡하기 때문에 백신을 만들데에 제약이 많기 때문이다.
③ 왜냐하면 감기 바이러스는 일찍이 해당 바이러스에 대한 연구가 이루어 졌기 때문이다.
④ 왜냐하면 감기를 일으키는 바이러스는 워낙 다양하지만 독감을 일으키는 바이러스는 한 종류이기 때문이다.

🔊(Point) 빈칸에는 앞문장의 내용에 이어서 독감 백신을 만들 수 있는 이유가 오는 것이 적절하다.

6 외래어 표기가 바르게 된 것으로만 묶인 것은?
① 부르주아, 비스킷, 심포지움
② 스폰지, 콘셉트, 소파
③ 앙코르, 팜플릿, 플랜카드
④ 샹들리에, 주스, 블라우스

🔊(Point) ① 부르주아, 비스킷, 심포지엄
② 스펀지, 콘셉트, 소파
③ 앙코르, 팸플릿, 플래카드

» ANSWER

5.④ 6.④

7 ⊙의 상황을 표현한 한자성어로 적절한 것은?

> 낭군께서는 이별한 후에 비천한 저를 가슴속에 새겨 근심하지 마시고, 더욱 학업에 힘써 ⊙과거에 급제한 뒤 높은 벼슬길에 올라 후세에 이름을 드날리고 부모님을 현달케 하십시오. 제 의복과 재물은 다 팔아 부처께 공양하시고, 갖가지로 기도하고 지성으로 소원을 빌어 삼생의 연분을 후세에 다시 잇도록 해 주십시오. 그렇게만 해 주신다면 더없이 좋겠나이다! 좋겠나이다!

① 입신양명
② 사필귀정
③ 흥진비래
④ 백년해로

🔊(Point) ① 입신양명 : 사회적(社會的)으로 인정(認定)을 받고 출세(出世)하여 이름을 세상(世上)에 드날림
② 사필귀정 : 처음에는 시비(是非) 곡직(曲直)을 가리지 못하여 그릇되더라도 모든 일은 결국에 가서는 반드시 정리(正理)로 돌아감
③ 흥진비래 : 즐거운 일이 지나가면 슬픈 일이 닥쳐온다는 뜻
④ 백년해로 : 부부(夫婦)가 서로 사이좋고 화락(和樂)하게 같이 늙음을 이르는 말

8 다음 밑줄 친 부분의 띄어쓰기가 바른 문장은?

① 마을 사람들은 어느 말을 정말로 믿어야 <u>옳은 지</u> 몰라서 멀거니 두 사람의 입을 쳐다보고만 있었다.
② 강아지가 집을 나간 지 <u>사흘만에</u> 돌아왔다.
③ 그냥 모르는 척 <u>살만도 한데</u> 말이야.
④ 자네, 도대체 이게 <u>얼마 만인가</u>.

🔊(Point) ① 옳은 지→옳은지, 막연한 추측이나 짐작을 나타내는 어미이므로 붙여서 쓴다.
② 사흘만에→사흘 만에, '시간의 경과'를 의미하는 의존명사이므로 띄어서 사용한다.
③ 살만도→살 만도, 붙여 쓰는 것을 허용하기도 하나(살 만하다) 중간에 조사가 사용된 경우 반드시 띄어 써야 한다(살 만도 하다).

9 다음 글의 중심내용으로 적절한 것은?

> 영어에서 위기를 뜻하는 단어 'crisis'의 어원은 '분리하다'라는 뜻의 그리스어 '크리네인 (Krinein)'이다. 크리네인은 본래 회복과 죽음의 분기점이 되는 병세의 변화를 가리키는 의학 용어로 사용되었는데, 서양인들은 위기에 어떻게 대응하느냐에 따라 결과가 달라진 다고 보았다. 상황에 위축되지 않고 침착하게 위기의 원인을 분석하여 사리에 맞는 해결 방안을 찾을 수 있다면 긍정적 결과가 나올 수 있다는 것이다. 한편, 동양에서는 위기(危機)를 '위험(危險)'과 '기회(機會)'가 합쳐진 것으로 해석하여, 위기를 통해 새로운 기회를 모색하라고 한다. 동양인들 또한 상황을 바라보는 관점에 따라 위기가 기회로 변모될 수도 있다고 본 것이다.

① 위기가 아예 다가오지 못하게 미리 대처해야 한다.
② 위기 상황을 냉정하게 판단하고 긍정적으로 받아들인다.
③ 위기가 지나갔다고 해서 반드시 기회가 오는 것은 아니다.
④ 욕심에서 비롯된 위기를 통해 자신의 상황을 되돌아봐야 한다.

🔊(Point) 동양과 서양에서 위기를 의미하는 단어를 분석해 보는 것을 통해 위기 상황을 냉정하게 판단하고 긍정적으로 받아들이면 좋은 결과를 얻거나 또 다른 기회가 될 수 있다는 이야기를 하고 있다.

10 다음 제시된 단어의 표준 발음으로 적절하지 않은 것은?

① 넓둥글다[넙뚱글다]
② 넓죽하다[널쭈카다]
③ 넓다[널따]
④ 핥다[할따]

🔊(Point) ② 겹받침 'ㄳ', 'ㄵ', 'ㄼ, ㄽ, ㄾ', 'ㅄ'은 어말 또는 자음 앞에서 각각 [ㄱ, ㄴ, ㄹ, ㅂ]으로 발음한다. 다만, '밟-'은 자음 앞에서 [밥]으로 발음하고, '넓-'은 '넓죽하다'와 '넓둥글다'의 경우에 [넙]으로 발음한다. 따라서 '넓죽하다'는 [넙쭈카다]로 발음해야 한다.

» ANSWER
9.② 10.②

11 다음 밑줄 친 문장이 글의 흐름과 어울리지 않는 것을 고르시오.

> 신재생 에너지란 태양, 바람, 해수와 같이 자연을 이용한 신에너지와 폐열, 열병합, 폐열 재활용과 같은 재생에너지가 합쳐진 말이다. 현재 신재생 에너지는 미래 인류의 에너지로서 다양한 연구가 이루어지고 있다. ①특히 과거에는 이들의 발전 효율을 높이는 연구가 주로 이루어졌으나 현재는 이들을 관리하고 사용자가 쉽게 사용하도록 하는 연구와 개발이 많이 진행되고 있다. ②신재생 에너지는 화석 연료의 에너지 생산 비용에 근접하고 있으며 향후에 유가가 상승되고 신재생 에너지 시스템의 효율이 높아짐에 따라 신재생 에너지의 생산 비용이 오히려 더 저렴해질 것으로 보인다.
> ③따라서 미래의 신재생 에너지의 보급은 특정 계층과 일부 분야에서만 이루어 질 것이며 현재의 전력 공급 체계를 변화시킬 것이다. ④현재 중앙 집중식으로 되어있는 전력공급의 체계가 미래에는 다양한 곳에서 발전이 이루어지는 분산형으로 변할 것으로 보인다. 분산형 전원 시스템 체계에서 가장 중요한 기술인 스마트 그리드는 전력과 IT가 융합한 형태로서 많은 연구가 이루어지고 있다.

🔊 (Point) ③의 앞의 내용을 보면 향후 신재생 에너지 시스템의 효율이 높으며 생산 비용이 저렴해 질 것으로 예상하고 있으므로 ③의 내용으로 '따라서 미래의 신재생 에너지의 보급은 지금 보다 훨씬 광범위하게 다양한 곳에서 이루어 질 것이며 현재의 전력 공급 체계를 변화시킬 것이다.'가 오는 것이 적절하다.

12 다음 글을 논리적 순서에 맞게 나열한 것은?

> ㉠ 또한 한옥을 짓는 데 사용되는 천연 건축 자재는 공해를 일으키지 않는다.
> ㉡ 현대 건축에서 자주 문제가 되는 환경 파괴가 한옥에는 거의 없다.
> ㉢ 아토피성 피부염 등의 현대 질병에 한옥이 좋은 이유가 여기에 있다.
> ㉣ 한옥은 짓는 터전을 훼손하지 않으며, 터가 생긴 대로 약간만 손질하면 집을 지을 수 있기 때문이다.

① ㉡-㉠-㉣-㉢   ② ㉡-㉣-㉠-㉢
③ ㉢-㉠-㉣-㉡   ④ ㉣-㉡-㉠-㉢

🔊 (Point) ㉡ 현대 건축에서 발생하는 문제가 한옥에서는 발생하지 않음-㉣ ㉡을 뒷받침하는 이유①: 한옥은 환경을 보존하며 지어지는 특성을 가짐-㉠ ㉡을 뒷받침하는 이유②: 한옥 건축에 사용하는 천연 자재는 공해를 일으키지 않음-㉢ ㉠의 장점

13 다음의 문장이 들어가기에 적절한 위치를 고르면?

> 예를 들면, 라파엘로의 창의성은 미술사학, 미술 비평이론, 그리고 미적 감각의 변화에 따라 그 평가가 달라진다.

> 한 개인의 창의성 발휘는 자기 영역의 규칙이나 내용에 대한 이해뿐만 아니라 현장에서 적용되는 평가기준과도 밀접한 관련을 가지고 있다. (㉠) 어떤 미술 작품이 창의적인 것으로 평가받기 위해서는 당대 미술가들이나 비평가들이 작품을 바라보는 잣대에 들어맞아야 한다. (㉡) 마찬가지로 문학 작품의 창의성 여부도 당대 비평가들의 평가기준에 따라 달라질 수 있다. (㉢) 라파엘로는 16세기와 19세기에는 창의적이라고 여겨졌으나, 그 사이 기간이나 그 이후에는 그렇지 못했다. (㉣) 라파엘로는 사회가 그의 작품에서 감동을 받고 새로운 가능성을 발견할 때 창의적이라 평가받을 수 있었다. 그러나 만일 그의 그림이 미술을 아는 사람들의 눈에 도식적이고 고리타분하게 보인다면, 그는 기껏해야 뛰어난 제조공이나 꼼꼼한 채색가로 불릴 수 있을 뿐이다.

① ㉠   ② ㉡

③ ㉢   ④ ㉣

Point 제시된 문장은 라파엘로의 창의성을 예로 들면서 기준에 따라 평가가 달라진다는 것을 언급하고자 한다. 따라서 당대 비평가들의 평가기준에 따라 창의성 여부가 달라질 수 있다는 내용 뒤인 ㉢이 가장 적절하며, 제시된 문장 뒤로는 라파엘로의 창의성이 평가기준에 따라 어떻게 다르게 평가되고 있는지에 대한 내용이 이어져야 한다.

» ANSWER

13.③

14 〈보기〉에서 ㉠, ㉡의 예시로 옳은 것으로만 된 것은?

> 어근과 어근의 형식적 결합 방식에 따라 합성어를 나누어 볼 수 있다. 형식적 결합 방식이란 어근과 어근의 배열 방식이 국어의 정상적인 단어 배열 방식 즉 통사적 구성과 같고 다름을 고려한 것이다. 여기에는 합성어의 각 구성 성분들이 가지는 배열 방식이 국어의 정상적인 단어 배열법과 같은 ㉠'통사적 합성어'와 정상적인 배열 방식에 어긋나는 ㉡'비통사적 합성어'가 있다.

	㉠	㉡
①	가려내다, 큰일	굳은살, 덮밥
②	물렁뼈, 큰집	덮밥, 산들바람
③	큰집, 접칼	보슬비, 얕보다
④	굳은살, 그만두다	물렁뼈, 날뛰다

🔊 **Point** 통사적 합성어 : 가려내다, 큰집, 굳은살, 큰일, 그만두다
비통사적 합성어 : 덮밥, 접칼, 산들바람, 보슬비, 물렁뼈, 날뛰다, 얕보다.

> ☆ **Plus tip** 합성법의 유형
> ㉠ 통사적 합성법 : 우리말의 일반적인 단어 배열법과 일치하는 것으로 대부분의 합성어가 이에 해당된다.
> 🗹 작은형(관형사형 + 명사)
> ㉡ 비통사적 합성법 : 우리말의 일반적인 단어 배열법에서 벗어나는 합성법이다.
> 🗹 늦더위('용언의 어간 + 명사로 이러한 문장 구성은 없음)

>> **ANSWER**
14.④

15 다음 〈보기〉의 규칙이 적용된 예시로 적절하지 않은 것은?

〈보기〉

한자음 '녀, 뇨, 뉴, 니'가 단어 첫머리에 올 적에는, 두음 법칙에 따라 '여, 요, 유, 이'로 적는다.
단, 접두사처럼 쓰이는 한자가 붙어서 된 말이나 합성어에서는 뒷말의 첫소리가 'ㄴ'으로 나더라도 두음법칙에 따라 적는다.

① 남존여비   ② 신여성
③ 만년   ④ 신연도

📢 (Point) ④ '신년도, 구년도' 등은 발음이 [신년도], [구: 년도]이며 '신년-도, 구년-도'로 분석되는 구조이므로 이 규정이 적용되지 않는다.

☆ **Plus tip** 한글 맞춤법 제3장 제10항 두음법칙

한자음 '녀, 뇨, 뉴, 니가 단어 첫머리에 올 적에는, 두음 법칙에 따라 '여, 요, 유, 이'로 적는다.
(ㄱ을 취하고, ㄴ을 버림)

ㄱ	ㄴ	ㄱ	ㄴ
여자(女子)	녀자	유대(紐帶)	뉴대
연세(年歲)	년세	이토(泥土)	니토
요소(尿素)	뇨소	익명(匿名)	닉명

다만, 다음과 같은 의존 명사에서는 '냐, 녀' 음을 인정한다.
냥(兩)   냥쭝(兩~)   년(年)(몇 년)
[붙임 1] 단어의 첫머리 이외의 경우에는 본음대로 적는다.
        남녀(男女)   당뇨(糖尿)   결뉴(結紐)   은닉(隱匿)
[붙임 2] 접두사처럼 쓰이는 한자가 붙어서 된 말이나 합성어에서, 뒷말의 첫소리가 'ㄴ'소리로 나더라도 두음 법칙에 따라 적는다.
        신여성(新女性)   공염불(空念佛)   남존여비(男尊女卑)
[붙임 3] 둘 이상의 단어로 이루어진 고유 명사를 붙여 쓰는 경우에도 붙임 2에 준하여 적는다.
        한국여자대학   대한요소비료회사

>> ANSWER
15.④

16 이 글의 특징으로 옳지 않은 것은?

> 새끼 오리도 헌신짝도 소똥도 갓신창도 개니빠디도 너울쪽도 짚검불도 가랑잎도 헝겊조각도 막대꼬치도 기왓장도 닭의 짗도 개터럭도 타는 모닥불
>
> 재당도 초시도 문장(門帳) 늙은이도 더부살이도 아이도 새 사위도 갓 사돈도 나그네도 주인도 할아버지도 손자도 붓장사도 땜쟁이도 큰 개도 강아지도 모두 모닥불을 쬔다.
>
> 모닥불은 어려서 우리 할아버지가 어미 아비 없는 서러운 아이로 불쌍하니도 몽둥발이가 된 슬픈 역사가 있다.
>
> -백석, 모닥불-

① 열거된 사물이나 사람의 배열이 주제의식을 높이는 데 기여한다.
② 평안도 방언의 사용으로 사실감과 향토적 정감을 일으킨다.
③ 모닥불 앞에 나설 수 있는 사람과 그렇지 않은 사람이 대조된다.
④ 지금 현재의 상황과 과거의 회상을 통하여 시상을 전개한다.

(Point) ③ 2연에 나타난 모닥불을 쬐는 사람들은 직업도 나이도 상황도 다양한 사람으로 모닥불 앞에서는 사람들과 동물들 모두가 평등한 존재로 나타나므로 ③은 옳지 않다.

① 1연에 나열되는 사물들은 모두 쓸모없는 것들이다. 허나 화자는 그것들이 하나로 모여 하나의 모닥불로 타오르는 것에 의미를 둔다. 나열된 사물들이 하나가 되는 응집력과 열정을 통해 우리 민족의 공동체적 정신을 보여준다. 2연에서 나열되는 다양한 사람들은 신분과 혈연관계 상하관계를 따지지 않고 모닥불을 쬐는 모습을 통해 민족의 화합과 나눔, 평등정신을 지닌 공동체 정신을 확인할 수 있다.

② '개니빠디'는 '이빨'의 평안·함북 지역의 방언이다.

④ 1, 2연에서는 모닥불이 타고 있는 현재의 상황을 보여주며, 마지막 연에서 할아버지의 어린 시절을 회상하며 할아버지의 슬픔을 통해 민족의 아픈 역사를 환기한다.

> ☆ **Plus tip** 백석의 「모닥불」
> ㉠ 갈래 : 현대시, 서정시, 산문시
> ㉡ 성격 : 회상적, 산문적
> ㉢ 제재 : 모닥불
> ㉣ 주제 : 조화와 평등의 공동체적 합일정신, 우리 민족의 슬픈 역사와 공동체적 삶의 방향
> ㉤ 특징
> • 근대적 평등 의식이 중심에 놓여있다.
> • 열거의 방식으로 대상을 제기하고 있다
> • 지금 현재의 상황 묘사와 과거 회상으로 시상이 전개되고 있다.
> • 평안도 방언을 사용하여 사실성과 향토성을 높이고 있다.

» ANSWER
16.③

17 다음 글의 시점에 대한 설명으로 가장 적절한 것은?

> 파도는 높고 하늘은 흐렸지만 그 속에 솟구막 치면서 흐르는 나의 머릿속을 스치고 지나가는 영상은 푸르고 맑은 희망이었다. 나는 어떻게 누구의 손에 의해서 구원됐는지도 모른다. 병원에서 내 의식이 회복되었을 땐 다만 한 쪽 다리에 관통상을 입었다는 것을 알았을 뿐이다.

① 주인공 '나'가 자신의 체험을 이야기하고 있다.
② 작가가 주인공 '그'에 대해 관찰하여 서술하고 있다.
③ 작가가 제3의 인물 '그'에 대해 자세히 묘사하고 있다.
④ 주인공 '나'가 다른 인물에 대해 관찰하여 서술하고 있다.

🔈 (Point) 주어진 글은 주인공인 '나'가 자신의 이야기를 하고 있으므로 1인칭 주인공 시점이다.

> ⭐ **Plus tip** 소설의 시점
> ㉠ 1인칭 주인공(서술자) 시점: 주인공인 '나'가 자신의 이야기를 서술하는 시점으로 주관적이다.
> ㉡ 1인칭 관찰자 시점: 등장인물(부수적 인물)인 '나'가 주인공에 대해 이야기하는 시점으로 객관적인 관찰을 통해서 이루어진다.
> ㉢ 3인칭(작가) 관찰자 시점: 서술자의 주관을 배제하는 가장 객관적인 시점으로 서술자가 등장인물을 외부 관찰자의 위치에서 이야기하는 시점이다.
> ㉣ 전지적 작가 시점: 서술자가 인물과 사건에 대해 전지전능한 신의 입장에서 이야기하는 시점으로, 작중 인물의 심리를 분석하여 서술한다.

18 한글 맞춤법에 맞는 문장은?

① <u>뚝빼기</u>가 튼튼해 보인다.
② 구름이 걷히자 파란 하늘이 <u>드러났다.</u>
③ <u>꽁치찌게</u>를 먹을 때면 늘 어머니가 생각났다.
④ 한동안 외국에 다녀왔더니 <u>몇일</u> 동안 김치만 달고 살았다.

🔈 (Point) ① 뚝배기
③ 꽁치찌개
④ 며칠

>> ANSWER
17.① 18.②

19 다음에서 설명하는 훈민정음 운용 방식에 해당하는 것은?

> 'ㄱ, ㄷ, ㅂ, ㅅ, ㅈ, ㆆ' 등을 가로로 나란히 써서 'ㄲ, ㄸ, ㅃ, ㅆ, ㅉ, ㆅ'을 만드는 것인데, 필요한 경우에는 'ㅺ, ㅼ, ㅽ, ㅳ, ㅄ, ㅶ, ㅷ, ㅴ' 등도 만들어 썼다.

① 象形   ② 加畫

③ 竝書   ④ 連書

Point 제시문은 훈민정음 글자 운용법으로 나란히 쓰기인 병서(竝書)에 대한 설명이다. 병서는 'ㄲ, ㄸ, ㅃ, ㅆ'과 같이 서로 같은 자음을 나란히 쓰는 각자병서와 'ㅺ, ㅳ, ㅷ'과 같이 서로 다른 자음을 나란히 쓰는 합용병서가 있다.
① 象形(상형): 훈민정음 제자 원리의 하나로 발음기관을 상형하여 기본자를 만들었다.
② 加畫(가획): 훈민정음 제자 원리의 하나로 상형된 기본자를 중심으로 획을 더하여 가획자를 만들었다.
④ 連書(연서): 훈민정음 글자 운용법의 하나로 이어쓰기의 방법이다.

20 제시된 글에서 사용하고 있는 서술 방법은?

> 사람도 빛 공해의 피해를 입고 있다. 우리나라의 도시에 사는 아이들은 시골에 사는 아이들보다 안과를 자주 찾는다. 세계적으로 유명한 과학 잡지 "네이처"에서는 밤에 항상 불을 켜 놓고 자는 아이의 34퍼센트가 근시라는 조사 결과를 발표했다. 불빛 아래에서는 잠드는 데 걸리는 시간인 수면 잠복기가 길어지고 뇌파도 불안정해진다. 이 때문에 도시의 눈부신 불빛은 아이들의 깊은 잠을 방해하고 있는 것이다.

① 조사 결과를 근거로 제시하여 주장의 신뢰를 높이고 있다.

② 이해하기 어려운 용어들을 정리하고 있다.

③ 눈앞에 그려지는 듯한 묘사를 통해 설명하고 있다.

④ 하나의 대상을 여러 갈래로 분석하고 있다.

Point 주어진 글은 유명한 과학 잡지의 조사 결과를 제시하며 이를 통해 사람이 빛 공해의 피해를 입고 있다는 주장을 뒷받침하고 있다.

1 밑줄 친 단어의 쓰임이 적절하지 않은 것은?

① 강호는 한 번한 약속은 <u>반드시</u> 지키고 마는 사람이었다.

② 어깨에 우산을 <u>받히고</u> 양손에는 짐을 가득 들었다.

③ 두 사람은 전부터 <u>알음</u>이 있는 사이라 그런지 금방 친해졌다.

④ 정이도 <u>하노라고</u> 한 것인데 결과가 좋지 않아 속상했다.

🔊 (Point) ② '받히다'는 '받다'의 사동사로 '머리나 뿔 따위로 세차게 부딪치다', '부당한 일을 한다고 생각되는 사람에게 맞서서 대들다.' 등의 의미를 가진다. 그러므로 ②번에서는 '물건의 밑이나 옆 따위에 다른 물체를 대다.'의 의미를 가진 '받치고'를 사용하는 것이 적절하다.

> ☆ **Plus tip** 비슷한 형태의 어휘
>
> ㉠ 반드시 / 반듯이
> • 반드시 : 꼭 **예** <u>반드시</u> 시간에 맞추어 오너라.
> • 반듯이 : 반듯하게 **예** 관물을 <u>반듯이</u> 정리해라.
> ㉡ 바치다 / 받치다
> • 바치다 : 드리다. **예** 출세를 위해 청춘을 <u>바쳤다</u>.
> • 받치다 : 밑을 다른 물건으로 괴다. (우산이나 양산 따위를) 펴서 들다. **예** 책받침을 <u>받친다</u>.
> ㉢ 받히다 / 밭치다
> • 받히다 : '받다'의 피동사 **예** 쇠뿔에 <u>받혔다</u>.
> • 밭치다 : (술 따위를) 체로 거르다. **예** 술을 체에 <u>밭친다</u>.
> ㉣ 아름 / 알음 / 앎
> • 아름 : 두 팔을 벌려서 껴안은 둘레의 길이 **예** 세 <u>아름</u> 되는 둘레
> • 알음 : 아는 것 **예** 전부터 <u>알음</u>이 있는 사이
> • 앎 : '알음'의 축약형 **예** <u>앎</u>이 힘이다.

» ANSWER

1.②

2 다음 중 표준 발음법에 대한 설명과 그 예시로 적절하지 않은 것은?

① 시계[시계/시게] : '예, 례' 이외의 'ㅖ'는 [ㅔ]로도 발음한다.

② 밟다[밥: 따] : 겹받침 'ㄳ', 'ㄵ', 'ㄼ, ㄽ, ㄾ', 'ㅄ'은 어말 또는 자음 앞에서 각각 [ㄱ, ㄴ, ㄹ, ㅂ]으로 발음한다.

③ 닿소[다: 쏘] : 'ㅎ(ㄶ, ㅀ)' 뒤에 'ㅅ'이 결합되는 경우에는, 'ㅅ'을 [ㅆ]으로 발음한다.

④ 쫓다[쫀따] : 받침 'ㄲ, ㅋ', 'ㅅ, ㅆ, ㅈ, ㅊ, ㅌ', 'ㅍ'은 어말 또는 자음 앞에서 각각 대표음 [ㄱ, ㄷ, ㅂ]으로 발음한다.

🔊(Point) ② 밟다[밥 : 따]는 표준 발음법 제10항 '겹받침 'ㄳ', 'ㄵ', 'ㄼ, ㄽ, ㄾ', 'ㅄ'은 어말 또는 자음 앞에서 각각 [ㄱ, ㄴ, ㄹ, ㅂ]으로 발음한다.'의 예외 사항으로 '다만, '밟-'은 자음 앞에서 [밥]으로 발음한다.'에 해당하는 예시이다.

3 다음 중 훈민정음에 대한 설명으로 옳지 않은 것은?

① 훈민정음은 '예의'와 '해례'로 구성되어 있다.

② '예의'에 실린 정인지서에서 훈민정음의 취지를 알 수 있다.

③ 훈민정음 세종의 어지를 통해 애민정신을 느낄 수 있다.

④ 상형의 원리를 이용하여 제자되었다.

🔊(Point) ② 정인지서는 초간본 훈민정음 중 '해례' 부분 마지막에 실려 있으며 훈민정음 창제의 취지, 정의, 의의, 가치, 등을 설명한 글이다.

> ☆ **Plus tip** 훈민정음의 예의와 해례
> 훈민정음의 '예의'에는 세종의 서문과 훈민정음의 음가 및 운용법에 대한 설명이 들어있고 '해례'에는 임금이 쓴 '예의' 부분을 예를 들어 해설하는 내용으로 이루어져 있다.

>> ANSWER

2.② 3.②

4 다음 글을 읽고 알 수 있는 내용이 아닌 것은?

> 우리나라에 주로 나타나는 참나무 종류는 여섯 가지인데 각각 신갈나무, 떡갈나무, 상수리나무, 굴참나무, 갈참나무, 졸참나무라고 부른다. 참나무를 구별하는 가장 쉬운 방법은 잎을 보고 판단하는 것이다. 잎이 길고 가는 형태를 띤다면 상수리나무나 굴참나무임이 분명하다. 그 중에서 잎 뒷면이 흰색인 것이 굴참나무이다. 한편 나뭇잎이 크고 두툼한 무리에는 신갈나무와 떡갈나무가 있는데, 떡갈나무는 잎의 앞뒤에 털이 빽빽이 나 있지만 신갈나무는 그렇지 않다. 졸참나무와 갈참나무는 다른 참나무들보다 잎이 작으며, 잎자루라고 해서 나무줄기에 잎이 매달린 부분이 1~2센티미터 정도로 길다. 졸참나무는 참나무들 중에서 잎이 가장 작고, 갈참나무는 잎이 두껍고 뒷면에 털이 있어서 졸참나무와 구별된다. 참나무의 이름에도 각각의 유래가 있다. 신갈나무라는 이름은 옛날 나무꾼들이 숲에서 일을 하다가 짚신 바닥이 해지면 이 나무의 잎을 깔아서 신었기 때문에 '신을 간다'는 의미에서 붙여졌다고 한다. 떡갈나무 역시 이름 그대로 떡을 쌀 만큼 잎이 넓은 나무라고 하여 붙여진 이름인데 실제 떡갈나무 잎으로 떡을 싸 놓으면 떡이 쉬지 않고 오래 간다고 한다. 이는 떡갈나무 잎에 들어있는 방부성 물질 때문이다.

① 참나무는 보는 것만으로도 종류를 구분할 수 있다.
② 잎이 길고 가늘며 잎 뒷면이 흰색인 것은 상수리나무이다.
③ 떡갈나무는 잎이 크고 두툼하며 잎의 앞뒤에 털이 빽빽이 나있다.
④ 참나무의 이름에는 각각 유래가 있다.

📢 Point ② 잎이 길고 가늘며 잎 뒷면이 흰색인 것은 굴참나무이다.

➤ ANSWER

4.②

5 다음 밑줄 친 내용의 예시로 적절하지 않은 것은?

> 두 개의 용언이 어울려 한개의 용언이 될 적에, <u>앞말의 본뜻이 유지되고 있는 것</u>은 그 원형을 밝히어 적고, 그 본뜻에서 멀어진 것은 밝히어 적지 아니한다.

① 드러나다   ② 늘어나다

③ 벌어지다   ④ 접어들다

📢(Point) '드러나다' 앞말이 본뜻에서 멀어져 밝혀 적지 않는 예이다.

> ☆ Plus tip   한글 맞춤법 제4장 제15항 [붙임1]
> 두 개의 용언이 어울려 한 개의 용언이 될 적에, 앞말의 본뜻이 유지되고 있는 것은 그 원형을 밝히어 적고, 그 본뜻에서 멀어진 것은 밝히어 적지 아니한다.
> ㉠ 앞말의 본뜻이 유지되고 있는 것
>   넘어지다 늘어나다 늘어지다 돌아가다 되짚어가다 들어가다 떨어지다 엎어지다 접어들다 틀어지다 흩어지다
> ㉡ 본뜻에서 멀어진 것
>   드러나다 사라지다 쓰러지다

6 다음 밑줄 친 부분과 어울리는 한자성어는?

> 초승달이나 보름달은 보는 이가 많지마는, 그믐달은 보는 이가 적어 그만큼 외로운 달이다. 객창한등(客窓寒燈)에 <u>정든 님 그리워 잠 못 들어 하는 분이나, 못 견디게 쓰린 가슴을 움켜잡은 무슨 한(恨) 있는 사람</u>이 아니면, 그 달을 보아 주는 이가 별로 없을 것이다.

① 동병상련(同病相憐)   ② 불립문자(不立文字)

③ 각골난망(刻骨難忘)   ④ 오매불망(寤寐不忘)

📢(Point) '오매불망'은 '자나 깨나 잊지 못함'의 의미이다.
    ① 같은 병을 앓는 사람끼리 서로 가엾게 여긴다는 뜻으로, 어려운 처지에 있는 사람끼리 서로 가엾게 여김을 이르는 말
    ② 불도의 깨달음은 마음에서 마음으로 전하는 것이므로 말이나 글에 의지하지 않는다는 말
    ③ 남에게 입은 은혜가 뼈에 새길 만큼 커서 잊히지 아니함

≫ ANSWER

5.① 6.④

7 다음 주어진 시에 대한 해석으로 적절하지 않은 것은?

> 비개인 긴 둑에 풀빛이 짙은데
> 님 보내는 남포에 슬픈 노래 흐르는구나
> 대동강 물이야 어느 때나 마를 것인가
> 이별의 눈물 해마다 푸른 물결에 더하여지네.
>
> 　　　　　　　　　　　　　　　　　　　-정지상, 송인-

① 아름다운 자연과 화자의 처지를 대비하여 화자의 슬픔을 고조시키고 있다.

② 기승전결의 4단 구성을 취한다.

③ 화자는 대동강 물이 마를 때 이별의 고통에서 벗어날 수 있다.

④ 대동강의 푸른 물결과 이별의 눈물을 동일시하여 슬픔의 깊이가 확대되고 있다.

　📢 (Point) ③ '대동강 물이야 어느 때나 마를 것인가'에서 설의법을 사용하고 있다. 이별의 눈물이 더해져 마를 리 없는 대동강을 통해 이별의 슬픔을 강조하여 나타내는 것으로 대동강 물이 마를 때 이별의 고통에서 벗어날 수 있다는 해석은 적절하지 않다.

　　① '긴 둑에 풀빛이 짙은데'에서 나타나는 아름다운 자연과 그 곳에서 슬픈 노래를 듣는 화자의 처지가 대비되며 화자의 슬픔이 고조되고 있다.

　　② 각 행마다 기승전결의 구조를 취하고 있다.

　　④ 이별의 슬픔을 표현한 '눈물'을 대동강의 푸른 물결과 동일시하며 화자가 느끼는 슬픔을 확대하여 표현하고 있다.

≫ ANSWER

7.③

8 다음 주어진 글에서 루카치의 주장으로 옳은 것은?

키르케의 섬에 표류한 오디세우스의 부하들은 키르케의 마법에 걸려 변신의 형벌을 받았다. 변신의 형벌이란 몸은 돼지로 바뀌었지만 정신은 인간의 것으로 남아 자신이 돼지가 아니라 인간이라는 기억을 유지해야 하는 형벌이다. 그 기억은, 돼지의 몸과 인간의 정신이라는 기묘한 결합의 내부에 견딜 수 없는 비동일성과 분열이 담겨 있기 때문에 고통스럽다. "나는 돼지이지만 돼지가 아니다, 나는 인간이지만 인간이 아니다"라고 말해야만 하는 것이 비동일성의 고통이다.

바로 이 대목이 현대 사회의 인간을 '물화(物化)'라는 개념으로 파악하고자 했던 루카치를 전율케 했다. 물화된 현대 사회에서 인간은 상품이 되었으면서도 인간이라는 것을 기억하는, 따라서 현실에서 소외당한 자신을 회복하려는 가혹한 노력을 경주해야 하는 존재이다. 자신이 인간이라는 점을 기억하고 있지 않다면 그에게 구원은 구원이 아닐 것이므로, 인간이라는 본질을 계속 기억하는 일은 그에게 구원의 첫째 조건이 된다. 키르케의 마법으로 변신의 계절을 살고 있지만, 자신이 기억을 계속 유지하면 그 계절은 영원하지 않을 것이라는 희망을 가질 수 있다. 그는 소외 없는 저편의 세계, 구원과 해방의 순간을 기다린다.

① 인간이 현대 사회에서 물화된 자신을 받아들이지 않는 것은 큰 고통이다.
② 현대 사회에서 인간은 자신의 본질을 인지하고 이를 회복하기 위해 노력해야 한다.
③ 인간은 살아가기 위해서 왜곡된 현실을 받아들이고 새롭게 적응해야만 한다.
④ 현대 사회는 인간의 내면을 분열시키고 파괴하기 때문에 사회로부터 도피해야 한다.

📢(Point) 루카치는 현대 사회에서 인간은 상품이 되었으면서도 인간이라는 것을 기억하는, 따라서 현실에서 소외당한 자신을 회복하려는 가혹한 노력을 해야 하는 존재라고 말한다. 인간은 자신이 인간이라는 본질을 기억하고 있어야지만 구원에 의미가 있으며 해방의 순간을 기다릴 수 있다.

» ANSWER

8.②

9 다음 밑줄 친 부분과 가장 가까운 의미로 쓰인 것은?

> 저 멀리 연기를 뿜으며 앞서가는 기차의 <u>머리</u>가 보였다.

① 그는 우리 모임의 <u>머리</u> 노릇을 하고 있다.
② <u>머리</u>도 끝도 없이 일이 뒤죽박죽이 되었다.
③ 그는 테이블 <u>머리</u>에 놓인 책 한 권을 집어 들었다.
④ 주머니에 비죽이 술병이 <u>머리</u>를 내밀고 있었다.

> **Point** 제시된 문장에서 '머리'는 사물의 앞이나 위를 비유적으로 이르는 말로 쓰였다.
> ① 단체의 우두머리
> ② 일의 시작이나 처음을 비유적으로 이르는 말
> ③ 한쪽 옆이나 가장자리

10 다음 빈칸에 들어갈 단어로 가장 적절한 것은?

> 아스피린의 (   )이 심장병 예방에 효과가 있을 수 있다는 것이 밝혀졌다. 심장병 환자와 심장병 환자 중 발병 전에 정기적으로 아스피린을 (   )해 온 사람의 비율은 0.9%였지만, 기타 환자 중 정기적으로 아스피린을 (   )해 온 사람의 비율은 4.9%였다. 환자 1만 524명을 대상으로 한 후속 연구에서도 유사한 결과가 나타났다. 즉 심장병 환자 중에서 3.5%만이 정기적으로 아스피린을 (   )해 왔다고 말한 반면, 기타 환자 중에서 그렇게 말한 사람은 7%였다.

① 복용   ② 흡수
③ 섭취   ④ 음용

> **Point** ① 약을 먹음
> ② 빨아서 거두어들임
> ③ 좋은 요소를 받아들임
> ④ 마시는 데 씀

» ANSWER
9.④ 10.①

11 다음의 문장 중 이중피동이 사용된 사례를 모두 고른 것은?

> ㉠ 이윽고 한 남성이 산비탈에 놓여진 사다리를 타고 오르기 시작했다.
> ㉡ 그녀의 눈에 눈물이 맺혀졌다.
> ㉢ 자장면 네 그릇은 그들 두 사람에 의해 단숨에 비워졌다.
> ㉣ 그는 바람에 닫혀진 문을 바라보고 있었다.

① ㉡, ㉢, ㉣   ② ㉠, ㉡, ㉣
③ ㉠, ㉢, ㉣   ④ ㉠, ㉡, ㉢

🔊 **Point** 이중피동은 글자 그대로 피동이 한 번 더 진행된 상태임을 의미하며, 이는 비문으로 간주된다.
  ㉠ 놓여진 : 놓다 → 놓이다(피동) → 놓여지다(이중피동)
  ㉡ 맺혀졌다 : 맺다 → 맺히다(피동) → 맺혀지다(이중피동)
  ㉢ 비워졌다 : 비우다 → 비워졌다('비워지다'라는 피동형의 과거형이므로 이중피동이 아니다.)
  ㉣ 닫혀진 : 닫다 → 닫히다(피동) → 닫혀지다(이중피동)
  따라서 이중피동이 사용된 문장은 ㉠, ㉡, ㉣이 된다.

12 밑줄 친 부분의 표기가 바르지 않은 것은?

① 그는 우표 수집에 있어서는 <u>마니아</u> 수준이다.
② 어머니께서 <u>마늘쫑</u>으로 담그신 장아찌를 먹고 싶다.
③ 그녀는 <u>새침데기</u>처럼 나에게 한 마디 말도 하지 않았다.
④ 그 제품에 대한 <u>라이선스</u>를 획득한 일은 우리에겐 행운이었다.

🔊 **Point** ② 마늘쫑 → 마늘종

» **ANSWER**
11.② 12.②

13 다음 중 〈보기〉의 문장이 들어갈 위치로 가장 적절한 것은?

〈보기〉

예컨대 우리는 조직에 대해 생각할 때 습관적으로 위니 아래이니 하며 공간적으로 생각하게 된다. 우리는 이론이 마치 건물인 양 생각하는 경향이 있어서 기반이나 기본구조 등을 말한다.

① 과거에는 종종 언어의 표현 기능 면에서 은유가 연구되었지만, 사실 은유는 말의 본질적 상태 중 하나이다. ② 언어는 한 종류의 현실에서 또 다른 현실로 이동함으로써 그 효력을 발휘하며, 따라서 본질적으로 은유적이다. ③ 어떤 이들은 기술과학 언어에는 은유가 없어야 한다고 역설하지만, 은유적 표현들은 언어 그 자체에 깊이 뿌리박고 있다. ④ '토대'와 '상부 구조'는 마르크스주의에서 기본 개념들이다. 데리다가 보여 주었듯이, 심지어 철학에도 은유가 스며들어 있는데 단지 인식하지 못할 뿐이다.

🔊 (Point) 주어진 문장은 우리가 '조작과 '이론'을 생각할 때 습관적으로 그것들을 은유적으로 사고하는 경향이 있다는 내용이고 이는 즉 우리의 언어 자체에 은유가 뿌리박고 있다는 것의 예시이다. 그러므로 ③ 문장 뒤인 ④에 들어가는 것이 적절하다.

14 다음 중 맞춤법에 맞게 쓰인 말은?
① 회수(回數)   ② 갯수(個數)
③ 셋방(貰房)   ④ 전세방(傳貰房)

🔊 (Point) 한자어에는 사이시옷을 붙이지 않는 것을 원칙으로 하되, '곳간(庫間), 셋방(貰房), 숫자(數字), 찻간(車間), 툇간(退間), 횟수(回數)'는 사이시옷을 받치어 적는다.
① 회수 → 횟수(回數)
② 갯수 → 개수(個數)
④ 전셋방 → 전세방(傳貰房)

>> ANSWER
13.④ 14.③

15 다음 빈칸에 들어갈 문장으로 적절한 것은?

> 1970년대 이전까지 정신이 말짱한 사람에게도 환각이 흔히 일어난다는 사실을 알아차리지 못했던 것은 어쩌면 그러한 환각이 어떻게 일어나는지에 관한 이론이 없었기 때문일 것이다. 그러다 1967년 폴란드의 신경생리학자 예르지 코노르스키가 『뇌의 통합적 활동』에서 '환각의 생리적 기초'를 여러 쪽에 걸쳐 논의했다. 코노르스키는 '환각이 왜 일어나는가?'라는 질문을 뒤집어 '환각은 왜 항상 일어나지 않는가? 환각을 구속하는 것은 무엇인가?'라는 질문을 제기했다. 그는 '지각과 이미지와 환각을 일으킬 수 있는' 역동적 체계, '환각을 일으키는 기제가 우리 뇌 속에 장착되어 있지만 몇몇 예외적인 경우에만 작동하는' 체계를 상정했다. 그리고 감각기관에서 뇌로 이어지는 구심성(afferent) 연결뿐만 아니라 반대 방향으로 진행되는 역방향(retro) 연결도 존재한다는 것을 보여주는 증거를 수집했다. 그런 역방향 연결은 구심성 연결에 비하면 빈약하고 정상적인 상황에서는 활성화되지 않는다. 하지만 (   )

① 코노르스키는 바로 그 역방향 연결이 환각 유도에 필수적인 해부학적, 생리적 수단이 된다고 보았다.
② 역방향 연결이 발생할 때는 반드시 구심성 연결이 동반된다는 사실이 발견되었다.
③ 코노르스키는 정상적인 상황에서 역방향 연결이 발생하는 경우를 찾고 있는 것이다.
④ 역방향 연결이 발생하였다고 하더라고 감각기관이 외부상황을 인지하는 데에는 무리가 없다.

🔊(Point) 주어진 글은 코노르스키가 환각의 발생에 대한 이론을 연구하여 환각이 일어나는 예외적인 체계를 상정했으며, 뇌에서 감각기관으로 연결되는 역방향 연결의 존재를 증명하며 이것이 환각을 일으키는 수단이 된다는 것을 이야기하고 있다.

16 다음의 밑줄 친 부분과 같은 원리로 발음되지 않는 것은?

> 그렇게 강조해서 시험 문제를 <u>짚어</u> 주었는데도 성적이 그 모양이냐.

① 검둥개가 <u>낳은</u> 강아지는 꼭 어미의 품에서 잠들었다.
② 꽃밭에서 가장 예쁘게 핀 꽃만 <u>꺾어서</u> 만든 꽃다발이다.
③ 엄마가 만든 <u>옷은</u> 항상 품이 커서 입기 편했다.
④ 소년은 사람들의 시선이 부끄러운지 <u>낯이</u> 붉어졌다.

🔊(Point) 밑줄 친 '짚어'는 표준 발음법 13항 연음법칙에 따라 [지퍼]로 발음된다.
① 낳은→[나은] : 'ㅎ(ㄶ, ㅀ)' 뒤에 모음으로 시작된 어미나 접미사가 결합되는 경우에는 'ㅎ'을 발음하지 않는다.

> 🔖 **Plus tip** 표준 발음법 제13항 (연음법칙)
> 홑받침이나 쌍받침이 모음으로 시작된 조사나 어미, 접미사와 결합되는 경우에는 제 음가대로 뒤 음절 첫소리로 옮겨 발음한다.
> 깎아[까까] 옷이[오시] 있어[이써] 낮이[나지] 꽂아[꼬자] 꽃을[꼬츨] 쫓아[쪼차] 밭에[바테] 앞으로[아프로] 덮이다[더피다]

>> ANSWER
16.①

17 밑줄 친 단어와 상반된 의미를 지닌 것을 고르시오.

> 그가 누구보다도 <u>예리한</u> 칼날을 품고 있다.

① 신랄하다

② 첨예하다

③ 예민하다

④ 둔탁하다

 (Point) '예리(銳利)하다'의 의미

　　㉠ 끝이 뾰족하거나 날이 선 상태에 있다.

　　㉡ 관찰이나 판단이 정확하고 날카롭다.

　　㉢ 눈매나 시선 따위가 쏘아보는 듯 매섭다.

　　㉣ 소리가 신경을 거스를 만큼 높고 가늘다.

　　㉤ 기술이나 재주가 정확하고 치밀하다.

　① 신랄(辛辣)하다 : 사물의 분석이나 비평 따위가 매우 날카롭고 예리하다.

　② 첨예(尖銳)하다 : 날카롭고 뾰족하다. 또는 상황이나 사태 따위가 날카롭고 격하다.

　③ 예민(銳敏)하다 : 무엇인가를 느끼는 능력이나 분석하고 판단하는 능력이 빠르고 뛰어나다.

　④ 둔탁(鈍濁)하다 : 성질이 굼뜨고 흐리터분하다. 소리가 굵고 거칠며 깊다. 생김새가 거칠고 투박하다.

18 다음 중 맞춤법에 맞게 쓰인 문장은?

① 일이 잘 됬다.

② 저 산 너머 바다가 있다.

③ 오늘 경기는 반듯이 이겨야 한다.

④ 골목길에서 그만 놓히고 말았다.

 (Point) ① 됬다 → 됐다

　　　　 ③ 반듯이 → 반드시

　　　　 ④ 놓히고 → 놓치고

>> ANSWER

17.④ 18.②

19 다음 주어진 글의 내용 전개 방식으로 가장 적절한 것은?

> 세계에서 언어가 사라져 가는 현상은 우리나라 지역 방언에서도 벌어지고 있다. 특히 지역 방언의 어휘는 젊은 세대 사이에서 빠르게 사라져 가고 있는 실정이다. 일례로 한 조사에 따르면 우리 지역의 방언 어휘 중 특정 단어들을 우리 지역 초등학생의 80% 이상, 중학생의 60% 이상이 '전혀 사용하지 않는다.'라고 답했다. 또한 2010년에 유네스코에서는 제주 방언을 소멸 직전의 단계인 4단계 소멸 위기 언어로 등록하였다.
>
> 지역 방언이 사라져 가는 원인은 복합적이다. 서울로 인구가 집중되면서 지역 방언을 사용하는 인구가 감소하였으며, 대중 매체의 영향으로 표준어가 확산되어 가는 것도 한 원인이다.
>
> 일부 학생들은 표준어로도 충분히 대화할 수 있다며 지역 방언이 꼭 필요하냐고 말할 수도 있다. 그럼에도 우리는 왜 지역 방언 보호에 관심을 가져야 하는 것일까? 그것은 지역 방언의 가치 때문이다. 지역 방언은 표준어만으로는 표현하기 어려운 감정과 정서의 표현을 가능하게 한다. 그리고 '다슬기' 외에 '올갱이, 데사리, 민물고동'과 같이 동일한 대상을 지역마다 다르게 표현하는 지역 방언이 있는 것처럼 지역 방언은 우리말의 어휘를 더욱 풍부하게 만드는 바탕이 된다.
>
> 지역 방언은 우리의 소중한 언어문화 자산이다. 지역 방언의 세계문화유산 지정이 시급하다. 사라져 가는 지역 방언의 보호에 관심을 기울이자.

① 대상의 인과 관계에 초점을 맞추어 설명하고 있다.
② 구체적인 사례를 통해 자신의 주장을 뒷받침하고 있다.
③ 대상의 유사점을 중심으로 특징을 설명하고 있다.
④ 용어의 정의를 통해 정확한 개념 이해를 돕고 있다.

📢 Point 화자는 구체적인 사례를 통해 지역 방언이 사라져 가고 있는 실정을 지적함은 물론 지역 방언의 필요성까지 설명하면서 자신의 주장을 뒷받침하고 있다.

» ANSWER

19.②

20 다음 글을 쓴 필자의 주장으로 옳은 것은?

> '문명인'과 구분하여 '원시인'에 대해 적당한 정의를 내리는 일은 불가능하지 않지만 어려운 일이다. 우리들 자신의 문명을 표준으로 삼는 일조차 그 문명의 어떤 측면이나 특징을 결정적인 것으로 생각하는가 하는 문제가 발생한다. 보통 규범 체계, 과학 지식, 기술적 성과와 같은 요소를 생각할 수 있다. 이러한 측면에서 원시문화를 살펴보면, 현대의 문화와 동일한 종류는 아니지만, 같은 기준선상에서의 평가가 가능하다. 대부분의 원시부족은 고도로 발달된 규범 체계를 갖고 있었다. 헌법으로 규정된 국가조직과 관습으로 규정된 부족조직 사이에는 본질적인 차이가 없으며, 원시인들 또한 국가를 형성하기도 했다. 또한 원시인들의 법은 단순한 체계를 가지고 있었지만 정교한 현대의 법체계와 마찬가지로 효과적인 강제력을 지니고 있었다. 과학이나 기술 수준 역시 마찬가지다. 폴리네시아의 선원들은 천문학 지식이 매우 풍부하였는데 그것은 상당한 정도의 과학적 관찰을 필요로 하는 일이었다. 에스키모인은 황폐한 국토에 내장되어 있는 빈곤한 자원을 최대한 활용할 수 있는 기술을 발전시켰다. 현대의 유럽인이 같은 조건 하에서 생활한다면, 북극지방의 생활에 적응하기 위하여 그들보다 더 좋은 도구를 만들어 내지 못할 것이며, 에스키모인의 생활양식을 응용해야 한다.
>
> 원시인을 말 그대로 원시인이라고 느낄 수 있는 부분은 그나마 종교적인 면에서일 뿐이다. 우리의 관점에서 보면 다양한 형태의 원시종교는 비논리적이지는 않더라도 매우 불합리하다. 원시종교에서는 주술이 중요한 역할을 담당 하지만, 문명사회에서는 주술이나 주술사의 힘을 믿는 경우는 거의 찾아볼 수 없다.

① 사회학적으로 '원시인'에 대한 명확한 정의를 내릴 수 있다.

② 원시문화는 현대와 동일한 종류의 평가기준으로 판단할 수 있다.

③ 원시부족에게도 일종의 현대의 법에 준하는 힘을 가진 체계를 가지고 있다.

④ 종교적 측면에서 원시인과 문명인은 거의 구분할 수 없을 정도로 공통점을 가지고 있다.

🔊 (Point) ③ 원시인들의 법은 단순한 체계를 가지고 있었지만 정교한 현대의 법체계와 마찬가지로 효과적인 강제력을 지니고 있었다. 과학이나 기술 수준 역시 마찬가지다.

　　　① '문명인'과 구분하여 '원시인'에 대해 적당한 정의를 내리는 일은 불가능하지 않지만 어려운 일이다.

　　　② 필자는 원시문화를 현대의 문화와 동일한 종류는 아니지만, 같은 기준선상에서의 평가가 가능하다고 말한다.

　　　④ 원시인을 말 그대로 원시인이라고 느낄 수 있는 부분은 그나마 종교적인 면에서일 뿐이다.

>> ANSWER

20.③

1 〈보기〉와 같이 발음할 때 적용되는 음운 변동 규칙이 아닌 것은?

> 〈보기〉
>
> 밭이랑 → [반니랑]

① ㄴ 첨가

② 두음법칙

③ 음절의 끝소리 규칙

④ 비음화

🔊 (Point) 밭이랑 → [받이랑](음절의 끝소리 규칙) → [받니랑](ㄴ 첨가) → [반니랑](비음화)

⭐ **Plus tip 음절의 끝소리 규칙**

국어에서는 'ㄱ, ㄴ, ㄷ, ㄹ, ㅁ, ㅂ, ㅇ'의 일곱 자음만이 음절의 끝소리로 발음된다.

㉠ 음절의 끝자리의 'ㄲ, ㅋ'은 'ㄱ'으로 바뀐다.

   📋 밖[박], 부엌[부억]

㉡ 음절의 끝자리 'ㅅ, ㅆ, ㅈ, ㅊ, ㅌ, ㅎ'은 'ㄷ'으로 바뀐다.

   📋 옷[옫], 젖[젇], 히읗[히읃]

㉢ 음절의 끝자리 'ㅍ'은 'ㅂ'으로 바뀐다.

   📋 숲[숩], 잎[입]

㉣ 음절 끝에 겹받침이 올 때에는 하나의 자음만 발음한다.

   • 첫째 자음만 발음 : ㄳ, ㄵ, ㄼ, ㄽ, ㄾ, ㅄ

     📋 삯[삭], 앉다[안따], 여덟[여덜], 외곬[외골], 핥다[할따]

예외 … 자음 앞에서 '밟-'은 [밥], '넓-'은 '넓죽하다[넙쭈카다]', '넓둥글다[넙뚱글다]'의 경우에만
[넙]으로 발음한다.

   • 둘째 자음만 발음 : ㄻ, ㄿ, ㄺ

     📋 닭[닥], 맑다[막따], 삶[삼], 젊다[점따], 읊다[읖따 → 읍따]

㉤ 다음에 모음으로 시작하는 음절이 올 경우

   • 조사나 어미, 접미사와 같은 형식 형태소가 올 경우 : 다음 음절의 첫소리로 옮겨 발음한다.

     📋 옷이[오시], 옷을[오슬], 값이[갑씨], 삶이[살미]

   • 실질 형태소가 올 경우 : 일곱 자음 중 하나로 바꾼 후 다음 음절의 첫소리로 옮겨 발음한다.

     📋 옷 안[온안 → 오단], 값없다[갑업다 → 가법따]

» ANSWER

1.②

2 다음 중 '서르→서로'로 변한 것과 관계없는 음운 현상은?

① 믈→물 ② 불휘→뿌리

③ 거붑→거북 ④ 즁싱→즘싱→즘승→짐승

🔊 (Point) '서르'가 '서로'로 변한 것은 이화·유추·강화 현상과 관계있다.

① 원순 모음화

② 강화

③ 이화, 강화

④ 즁싱 > 즘싱(이화) > 즘승(유추) > 짐승(전설모음화)

3 다음 글의 밑줄 친 ㉠~㉣의 어휘가 의미상 올바르게 대체되지 않은 것은?

> 2019 문화체육관광부 장관배 전국 어울림마라톤 대회가 오는 9월 29일 태화강 국가정원
> ㉠일원에서 개최된다. 19일 울산시장애인체육회에 따르면, 울산시장애인체육회가 주최·
> 주관하고 문화체육관광부 등에서 ㉡후원하는 이번 대회는 태화강 국가지정 기념사업 일
> 환으로 울산에서 처음 개최되는 전국 어울림마라톤 대회이며 태화강 국가정원 일원에서
> 울산 최초로 10km 마라톤 코스 ㉢인증을 받아 실시된다.
> 10km 경쟁 마라톤과 5km 어울림부는 장애인과 비장애인이 함께 마라톤 코스를 달릴 예
> 정이다. 참가비는 장애인은 무료이며, 비장애인은 종목별 10,000원이다. 참가자 전원에게
> 는 기념셔츠와 메달, 간식이 제공된다.
> 울산시장애인체육회 사무처장은 "이번 대회가 장애인과 비장애인이 서로 이해하며 마음의
> 벽을 허무는 좋은 기회가 되고, 아울러 산업도시 울산에 대한 이미지 제고에도 기여를 하
> 게 될 것"이라며 기대감을 표했다.

① ㉠ 일대 ② ㉡ 후견

③ ㉢ 인거 ④ ㉣ 더불어

🔊 (Point) ③ '인거'(引據)는 '글 따위를 인용하여 근거로 삼음'의 의미로 '인증'(引證)과 유의어 관계에 있다. 그
러나 주어진 글에서 쓰인 ㉢의 '인증'은 '문서나 일 따위가 합법적인 절차로 이루어졌음을 공적
기관이 인정하여 증명함'의 의미로 쓰인 '認證'이므로 '인거'로 대체할 수 없다.

① '일원'(一圓)은 '일정한 범위의 어느 지역 전부'를 의미하며, '일대'(一帶)와 유의어 관계가 된다.

② '후원'(後援)과 '후견'(後見)은 모두 '사람이나 단체 따위의 뒤를 돌보아 줌'의 의미를 갖는다.

④ '아울러'와 '더불어'는 모두 순우리말로, '거기에다 더하여'의 의미를 지닌 유의어 관계의 어휘이다.

|4~5| 다음 시를 읽고 물음에 답하시오.

> 아무도 그에게 수심(水深)을 일러 준 일이 없기에
> 흰 나비는 도무지 바다가 무섭지 않다.
>
> 청(靑)무우밭인가 해서 내려 갔다가는
> 어린 날개가 물결에 절어서
> 공주처럼 지쳐서 돌아온다.
>
> 삼월달 바다가 꽃이 피지 않아서 서글픈
> 나비 허리에 새파란 초생달이 시리다.

4 다음 시에 영향을 미친 서구의 문예 사조는?

① 사실주의   ② 모더니즘

③ 실존주의   ④ 낭만주의

  📢 **(Point)** 제시된 시는 김기림의 「바다와 나비」로 1930년대 모더니즘 문학의 대표작이다.

5 제시된 시의 주제로 가장 적절한 것은?

① 자연에서 발견한 가치를 통한 인생의 소중함을 깨달음

② 이별을 통한 영혼의 성숙

③ 새로운 세계에 대한 동경과 좌절

④ 두려움을 극복하고자 하는 의지

  📢 **(Point)** 제시된 시에서 흰나비의 모습을 통해 바다라는 새로운 세계를 동경하고 바다의 물결에 날개가 젖어 좌절하는 나비의 모습을 볼 수 있다. 따라서 이 시의 주제로 ③이 가장 적절하다.

> 🐶 **Plus tip** 김기림의 「바다와 나비」
> ㉠ 주제 : 새로운 세계에 대한 동경과 좌절
> ㉡ 제재 : 나비와 바다
> ㉢ 갈래 : 자유시, 서정시
> ㉣ 성격 : 주지적, 상징적, 감각적
> ㉤ 특징 : 1연 : 바다의 무서움을 모르는 나비
>   2연 : 바다로 도달하지 못하고 지쳐서 돌아온 나비
>   3연 : 냉혹한 현실과 좌절된 나비의 꿈

» ANSWER

4.② 5.③

6 다음 대한 설명으로 가장 적절한 것은?

> ㉠ 옷 안[오단]　　　　　　㉡ 잡히다[자피다]
> ㉢ 국물[궁물]　　　　　　㉣ 흙탕물[흑탕물]

① ㉠ : 두 가지 유형의 음운 변동이 나타난다.
② ㉡ : 음운 변동 전의 음운 개수와 음운 변동 후의 음운 개수가 서로 다르다.
③ ㉢ : 인접한 음의 영향을 받아 조음 위치가 같아지는 동화 현상이 나타난다.
④ ㉣ : 음절의 끝소리 규칙이 적용되었다.

📢 (Point) ㉠ 옷 안→[온안](음절의 끝소리 규칙)→[오단](연음) : 연음은 음운 변동에 해당하지 않는다.
　　　㉡ 잡히다→[자피다](축약) : 축약으로 음운 개수가 하나 줄어들었다.
　　　㉢ 국물→[궁물](비음화) : 조음 방법이 같아지는 동화 현상이 나타난다.
　　　㉣ 흙탕물→[흑탕물](자음군단순화) : 음절의 끝소리 규칙이 아닌 자음군단순화(탈락)이 적용된 것이다.

7 '꽃이 예쁘게 피었다.'라는 문장에 대한 설명으로 옳지 않은 것은?
① 단어의 수는 4개이다.
② 8개의 음절로 되어 있다.
③ 실질 형태소는 4개이다.
④ 3개의 어절로 되어 있다.

📢 (Point) ① '꽃 / 이 / 예쁘게 / 피었다'로 단어의 수는 4개이다.
　　　② '꼬 / 치 / 예 / 쁘 / 게 / 피 / 어 / 따'로 8개의 음절로 되어 있다.
　　　③ '꽃, 예쁘−, 피−'로 실질 형태소는 3개이다.
　　　④ '꽃이 / 예쁘게 / 피었다'로 3개의 어절로 되어 있다.

8 다음 글의 중심내용으로 적절한 것은?

> 한 번에 두 가지 이상의 일을 할 때 당신은 마음에게 흩어지라고 지시하는 것입니다. 그것은 모든 분야에서 좋은 성과를 내는 데 필수적인 요소가 되는 집중과는 정반대입니다. 당신은 자신의 마음이 분열되는 상황에 처하도록 하는 경우도 많습니다. 마음이 흔들리도록, 과거나 미래에 사로잡히도록, 문제들을 안고 낑낑거리도록, 강박이나 충동에 따라 행동하는 때가 그런 경우입니다. 예를 들어, 읽으면서 동시에 먹을 때 마음의 일부는 읽는 데 가 있고, 일부는 먹는 데 가 있습니다. 이런 때는 어느 활동에서도 최상의 것을 얻지 못합니다. 다음과 같은 부처의 가르침을 명심하세요. '걷고 있을 때는 걸어라. 앉아 있을 때는 앉아 있어라. 갈팡질팡하지 마라.' 당신이 하는 모든 일은 당신의 온전한 주의를 받을 가치가 있는 것이어야 합니다. 단지 부분적인 주의를 받을 가치밖에 없다고 생각하면, 그것이 진정으로 할 가치가 있는지 자문하세요. 어떤 활동이 사소해 보이더라도, 당신은 마음을 훈련하고 있다는 사실을 명심하세요.

① 일을 시작하기 전에 먼저 사소한 일과 중요한 일을 구분하는 습관을 기르라.
② 한 번에 두 가지 이상의 일을 성공적으로 수행할 수 있도록 훈련하라.
③ 자신이 하는 일에 전적으로 주의를 집중하라.
④ 과거나 미래가 주는 교훈에 귀를 기울이라.

> **Point** 화자는 문두에서 한 번에 두 가지 이상의 일을 하는 것은 마음에게 흩어지라고 지시하는 것이라고 언급한다. 또한 글의 중후반부에서 당신이 하는 모든 일은 당신의 온전한 주의를 받을 가치가 있는 것이어야 한다고 강조한다. 따라서 이 글의 중심 내용은 ③이 적절하다.

» ANSWER
8.③

9 다음 글의 내용과 일치하지 않는 것은?

우리는 흔히 나무와 같은 식물이 대기 중에 이산화탄소로 존재하는 탄소를 처리해 주는 것으로 알고 있지만, 바다 또한 중요한 역할을 한다. 예를 들어 수없이 많은 작은 해양생물들은 빗물에 섞인 탄소를 흡수한 후에 다른 것들과 합쳐서 껍질을 만드는 데 사용한다. 결국 해양생물들은 껍질에 탄소를 가두어 둠으로써 탄소가 대기 중으로 다시 증발해서 위험한 온실가스로 축적되는 것을 막아 준다. 이들이 죽어서 바다 밑으로 가라앉으면 압력에 의해 석회석이 되는데, 이런 과정을 통해 땅속에 저장된 탄소의 양은 대기 중에 있는 것보다 수만 배나 되는 것으로 추정된다. 그 석회석 속의 탄소는 화산 분출로 다시 대기 중으로 방출되었다가 빗물과 함께 땅으로 떨어진다. 이 과정은 오랜 세월에 걸쳐 일어나는데, 이것이 장기적인 탄소 순환과정이다. 특별한 다른 장애 요인이 없다면 이 과정은 원활하게 일어나 지구의 기후는 안정을 유지할 수 있다.

그러나 불행하게도 인간의 산업 활동은 자연이 제대로 처리할 수 없을 정도로 많은 양의 탄소를 대기 중으로 방출한다. 영국 기상대의 피터 쿡스에 따르면, 자연의 생물권이 우리가 방출하는 이산화탄소의 영향을 완충할 수 있는 데에는 한계가 있기 때문에, 그 한계를 넘어서면 이산화탄소의 영향이 더욱 증폭된다. 지구 온난화가 걷잡을 수 없이 일어나게 되는 것은 두려운 일이다. 지구 온난화에 적응을 하지 못한 식물들이 한꺼번에 죽어 부패해서 그 속에 가두어져 있는 탄소가 다시 대기로 방출되면 문제는 더욱 심각해질 것이기 때문이다.

① 식물이나 해양생물은 기후 안정성을 유지하는 데에 기여한다.
② 생명체가 지니고 있던 탄소는 땅속으로 가기도 하고 대기로 가기도 한다.
③ 탄소는 화산 활동, 생명체의 부패, 인간의 산업 활동 등을 통해 대기로 방출된다.
④ 극심한 오염으로 생명체가 소멸되면 탄소의 순환 고리가 끊겨 대기 중의 탄소도 사라진다.

◀(Point) ④ 걷잡을 수 없어진 지구 온난화에 적응을 하지 못한 식물들이 한꺼번에 죽어 부패하면 그 속에 가두어져 있는 탄소가 대기로 방출된다고 언급하고 있다. 따라서 생명체가 소멸되면 탄소 순환 고리가 끊길 수 있지만, 대기 중의 탄소가 사라지는 것은 아니다.

10 다음 중 제시된 문장의 밑줄 친 어휘와 같은 의미로 사용된 것을 고르면?

> 심사 위원들은 이번에 응시한 수험생들에 대해 대체로 높은 평가를 <u>내렸다</u>.

① 이 지역은 강우가 산발적으로 <u>내리는</u> 경향이 있다.
② 그녀는 얼굴의 부기가 <u>내리지</u> 않아 외출을 하지 않기로 했다.
③ 먹은 것을 <u>내리려면</u> 적당한 운동을 하는 것이 좋다.
④ 중대장은 적진으로 돌격하겠다는 결단을 <u>내리고</u> 소대장들을 불렀다.

🔊 Point ① 눈, 비, 서리, 이슬 따위가 오다.
② 쪘거나 부었던 살이 빠지다.
③ 먹은 음식물 따위가 소화되다. 또는 그렇게 하다.
④ 판단, 결정을 하거나 결말을 짓다.

11 다음 제시된 단어의 표준 발음으로 적절하지 않은 것은?
① 앞으로[아프로]
② 젊어[절머]
③ 값을[갑슬]
④ 헛웃음[허두슴]

🔊 Point ③ 겹받침이 모음으로 시작된 조사나 어미, 접미사와 결합되는 경우에는, 뒤엣것만을 뒤 음절 첫소리로 옮겨 발음한다. 이 경우, 'ㅅ'은 된소리로 발음한다. 따라서 '값을'은 [갑쓸]로 발음해야 한다.

» ANSWER

10.④ 11.③

12 다음 현상 중 일어난 시기가 빠른 순서대로 바르게 적은 것은?

> ㉠ ·(아래 아)음의 완전 소실 ㉡ 치음 뒤 'ㅑ'의 단모음화
> ㉢ 초성글자 'ㆆ'의 소실 ㉣ 구개음화

① ㉠㉢㉡㉣ ② ㉡㉣㉢㉠

③ ㉢㉣㉠㉡ ④ ㉣㉠㉡㉢

🔊 Point ·(아래 아)음이 완전히 소실되는 것은 18세기 중엽이며, 단모음화는 18세기 후반에 일어났다. 초성글자 'ㆆ'의 소실은 15세기 중엽에 일어났으며, 구개음화는 대체로 17세기 말~18세기 초에 나타난다.

13 국어의 주요한 음운 변동을 다음과 같이 유형화할 때 '홑이불'에 일어나는 음운 변동 유형으로 옳은 것은?

	변동 전		변동 후
㉠	XaY	→	XbY
㉡	XY	→	XaY
㉢	XabY	→	XcY
㉣	XaY	→	XY

① ㉠, ㉡ ② ㉠, ㉣

③ ㉡, ㉢ ④ ㉡, ㉣

🔊 Point ㉠ 교체, ㉡ 첨가, ㉢ 축약, ㉣ 탈락이다.
홑이불→[혿이불](음절의 끝소리 규칙 : 교체)→[혿니불](ㄴ 첨가 : 첨가)→[혼니불](비음화 : 교체)

14 다음 밑줄 친 서술어 중에 필요로 하는 문장 성분이 가장 많은 것은?

① 개나리꽃이 활짝 <u>피었다</u>.
② 철수는 훌륭한 의사가 <u>되었다</u>.
③ 영희는 철수에게 선물을 <u>주었다</u>.
④ 우리 강아지가 낯선 사람을 <u>물었다</u>.

📢 Point ① '피었다'는 주어(개나리꽃이)를 필요로 하는 한 자리 서술어이다.
② '되었다'는 주어(철수는)와 보어(의사가)를 필요로 하는 두 자리 서술어이다.
③ '주었다'는 주어(영희는)와 부사어(철수에게), 목적어(선물을)를 필요로 하는 세 자리 서술어이다.
④ '물었다'는 주어(강아지가)와 목적어(사람을)를 필요로 하는 두 자리 서술어이다.

15 다음 글의 설명 방식과 가장 가까운 것은?

> 여름 방학을 맞이하는 학생들이 잊지 말아야 할 유의 사항이 있다. 상한 음식이나 비위생적인 음식 먹지 않기, 물놀이를 할 때 먼저 준비 운동을 하고 깊은 곳에 들어가지 않기, 외출할 때에는 부모님께 행선지와 동행인 말씀드리기, 외출한 후에는 손발을 씻고 몸을 청결하게 하기 등이다.

① 이등변 삼각형이란 두 변의 길이가 같은 삼각형이다.
② 그 친구는 평소에는 순한 양인데 한번 고집을 피우면 황소 같아.
③ 나는 산·강·바다·호수·들판 등 우리 국토의 모든 것을 사랑한다.
④ 잣나무는 소나무처럼 상록수이며 추운 지방에서 자라는 침엽수이다.

📢 Point 제시문은 학생들이 잊지 말아야 할 유의사항들을 구체적 '예시'를 들어 설명하고 있으므로 답지도 이와 같이 '예시'로 이루어진 문장을 찾으면 된다.
① 정의 ② 비유 ③ 예시 ④ 비교

» ANSWER

14.③ 15.③

16 다음 글의 빈칸에 들어갈 문장으로 가장 적절한 것은?

> 나무도마는 칼을 무수히 맞고도 칼을 밀어내지 않는다. 상처에 다시 칼을 맞아 골이 패고 물에 쓸리고 물기가 채 마르기 전에 또 다시 칼을 맞아도 리드미컬한 신명을 부른다. 가족이거나 가족만큼 가까운 사이라면 한번쯤 느낌직한, 각별한 예의를 차리지 않다 보니 날것의 사랑과 관심은 상대에게 상처주려 하지 않았으나 상처가 될 때가 많다. 칼자국은 (   ) 심사숙고하는 문어체와 달리 도마의 무늬처럼 걸러지지 않는 대화가 날것으로 살아서 가슴에 요동치기도 한다. 그러나 칼이 도마를 겨냥한 것이 아니라 단지 음식재료에 날을 세우는 것일 뿐이라는 걸 확인시키듯 때론 정감 어린 충고가 되어 찍히는 칼날도 있다.

① 나무도마를 상처투성이로 만든다.　　② 문어체가 아닌 대화체이다.
③ 세월이 지나간 자리이다.　　④ 매섭지만 나무도마를 부드럽게 만든다.

🔊(Point) 주어진 빈칸의 뒤에 오는 문장에서 문어체와 대화체의 특성을 설명하고 있으므로 빈칸에는 ②가 오는 것이 적절하다.

17 밑줄 친 부분이 다음과 같은 성격을 가지는 품사에 속하지 않는 것은?

> • 체언 앞에 놓여서 체언, 주로 명사를 꾸며준다.
> • 조사와 결합할 수 없으며 형태가 변하지 않는다.
> • 체언 중 수사와는 결합할 수 없다.

① <u>새</u> 옷　　　　　　　　② <u>외딴</u> 오두막집
③ <u>매우</u> 빠른　　　　　　　④ <u>순</u> 우리말

🔊(Point) ①②④ 관형사　③ 부사

> ☆ Plus tip 수식언
> ㉠ 관형사 … 체언을 꾸며 주는 구실을 하는 단어를 말한다. **예** 새 책, 헌 옷
> ㉡ 부사 … 주로 용언을 꾸며 주는 구실을 하는 단어를 말한다. **예** 빨리, 졸졸, 그러나

》ANSWER
16.② 17.③

18 어문 규정에 모두 맞게 표기된 문장은?

① 휴계실 안이 너무 시끄러웠다.

② 오늘은 웬지 기분이 좋습니다.

③ 밤을 세워 시험공부를 했습니다.

④ 아까는 어찌나 배가 고프던지 아무 생각도 안 나더라.

📢 Point ① 휴계실 → 휴게실
② 웬지 → 왠지
③ 세워 → 새워

19 다음 중 발음이 옳은 것은?

① 아이를 안고[앙꼬] 힘겹게 계단을 올라갔다.

② 그는 이웃을 웃기기도[우: 끼기도]하고 울리기도 했다.

③ 무엇에 홀렸는지 넋이[넉씨] 다 나간 모습이었지.

④ 무릎과[무릅과] 무릎을 맞대고 협상을 계속한다.

📢 Point ① 안고[안 : 꼬]
② 웃기기도[욷끼기도]
④ 무릎과[무릅꽈]

20 〈보기 1〉의 사례와 〈보기 2〉의 언어 특성이 가장 잘못 짝지어진 것은?

〈보기 1〉

(개) '영감(令監)'은 정삼품과 종이품 관원을 일컫던 말에서 나이 든 남편이나 남자 노인을 일컫는 말로 의미가 변하였다.

(내) '물'이라는 의미의 말소리 [물]을 내 마음대로 [불]로 바꾸면 다른 사람들은 '물'이라는 의미로 이해할 수 없다.

(대) '물이 깨끗해'라는 말을 배운 아이는 '공기가 깨끗해'라는 새로운 문장을 만들어 낸다.

(래) '어머니'라는 의미를 가진 말을 한국어에서는 '어머니'로, 영어에서는 'mother'로, 독일 어에서는 'mutter'라고 한다.

〈보기 2〉

㉠ 규칙성	㉡ 역사성
㉢ 창조성	㉣ 사회성

---

① (개) — ㉡
② (내) — ㉣
③ (대) — ㉢
④ (래) — ㉠

📢 **Point** ④ (래)는 자의성과 관련된 사례이다. 자의성은 언어의 '의미'와 '기호' 사이에는 필연적인 관계가 없다는 특성이다.

> ☆ **Plus tip** 언어의 특성
> ㉠ 기호성 : 언어는 의미라는 내용과 말소리 혹은 문자라는 형식이 결합된 기호로 나타난다.
> ㉡ 자의성 : 언어에서 의미와 소리의 관계가 임의적으로 이루어진다.
> ㉢ 사회성 : 언어가 사회적으로 수용된 이후에는 어느 개인이 마음대로 바꿀 수 없다.
> ㉣ 역사성 : 언어는 시간의 흐름에 따라 변한다.
> ㉤ 규칙성 : 모든 언어에는 일정한 규칙(문법)이 있다.
> ㉥ 창조성 : 무수히 많은 단어와 문장을 만들 수 있다.
> ㉦ 분절성 : 언어는 연속적으로 이루어져 있는 세계를 불연속적으로 끊어서 표현한다.

>> ANSWER
20.④

1　다음 중 표기가 바르지 않은 것은?

①　상추　　　　　　　　　　②　아무튼

③　비로서　　　　　　　　　④　부리나케

📢 **Point**　③ 비로서 → 비로소

☆ **Plus tip**　한글 맞춤법 제19항 '-이, -음'이 붙은 파생어의 적기

어간에 '-이'나 '-음/ㅁ'이 붙어서 명사로 된 것과 '-이'나 '-히'가 붙어서 부사로 된 것은 그 어간의 원형을 밝히어 적는다

㉠ '-이'가 붙어서 명사로 된 것

　　길이　깊이　높이　다듬이　땀받이　달맞이　먹이　미닫이　벌이　벼훑이　살림살이　쇠붙이

㉡ '-음/-ㅁ'이 붙어서 명사로 된 것

　　걸음　묶음　믿음　얼음　엮음　울음　웃음　졸음　죽음　앎　만듦

㉢ '-이'가 붙어서 부사로 된 것

　　같이　굳이　길이　높이　많이　실없이　좋이　짓궂이

㉣ '-히'가 붙어서 부사로 된 것

　　밝히　익히　작히

다만, 어간에 '-이'나 '-음'이 붙어서 명사로 바뀐 것이라도 그 어간의 뜻과 멀어진 것은 원형을 밝히어 적지 아니한다.

굽도리　다리[髢]　목거리(목병)　무녀리　코끼리　거름(비료)　고름(膿)　노름(도박)

[붙임] 다만, 어간에 '-이'나 '-음' 이외의 모음으로 시작된 접미사가 붙어서 다른 품사로 바뀐 것은 그 어간의 원형을 밝히어 적지 아니한다.

㉠ 명사로 바뀐 것

　　귀머거리　까마귀　너머　뜨더귀　마감　마개　마중　무덤　비렁뱅이　쓰레기　올가미　주검

㉡ 부사로 바뀐 것

　　거뭇거뭇　너무　도로　뜨덤뜨덤　바투　불긋불긋　비로소　오긋오긋　자주　차마

㉢ 조사로 바뀌어 뜻이 달라진 것

　　나마　부터　조차

≫ ANSWER

1.③

2 다음에서 알 수 있는 '나'의 이름은?

> 안녕하세요? 제 소개를 하겠습니다. 먼저 제 이름은 혀의 뒷부분과 여린입천장 사이에서 나오는 소리가 한 개 들어 있습니다. 비음은 포함되어 있지 않고 파열음과 파찰음이 총 세 개나 들어가 있어 센 느낌을 줍니다. 제 이름을 발음할 때 혀의 위치는 가장 낮았다가 조금 올라가면서 입술이 둥글게 오므려집니다. 제 이름은 무엇일까요?

① 정미   ② 하립
③ 준휘   ④ 백조

📢(Point)
- 혀의 뒷부분과 여린입천장 사이에서 나오는 소리(연구개음) 한 개 → ㅇ, ㄱ/ㄲ/ㅋ 중 한 개
- 비음은 포함되어 있지 않음 → ㄴ, ㅁ, ㅇ 포함되어 있지 않음
- 파열음과 파찰음이 총 세 개 → ㅂ/ㅃ/ㅍ, ㄷ/ㄸ/ㅌ, ㄱ/ㄲ/ㅋ 또는 ㅈ/ㅉ/ㅊ 중 총 세 개
- 혀의 위치는 가장 낮았다가 조금 올라가면서 입술이 둥글게 오므려짐 → 저모음에서 중모음, 원순 모음으로 변화

따라서 위의 조건에 모두 해당하는 이름은 '백조'이다.

3 소설 「동백꽃」를 읽고 한 활동 중, 밑줄 친 ㉠부분과 관계있는 것은?

> 보편적인 독서 방법은 글을 다음과 같이 다섯 단계로 나누어 읽는 것이다. 먼저 글의 제목, 소제목, 첫 부분, 마지막 부분 등 글의 주요 부분만을 보고 그 내용을 짐작하는 훑어보기 단계, 훑어본 내용을 근거로 하여 글의 중심 내용이 무엇인지를 마음속으로 묻는 질문하기 단계, 글을 차분히 읽으며 그 내용을 하나하나 확인하고 파악하는 자세히 읽기 단계, 읽은 글의 내용을 떠올리며 마음속으로 정리하는 ㉠되새기기 단계, 지금까지 읽은 모든 내용들을 살펴보고 전체 내용을 정리하는 다시 보기 단계가 그것이다.

① 동백꽃이란 제목을 보면서 글의 내용을 파악한다.
② 소설에서 동백꽃의 의미는 무엇인지 스스로 질문해 본다.
③ 이 소설이 전하고자 하는 주제가 무엇인지 곰곰이 생각해 본다.
④ 점순이와 나의 순박한 모습을 떠올리며 감상문을 썼다.

📢(Point) ① 훑어보기 단계
         ② 질문하기 단계
         ④ 정리하기 단계

≫ ANSWER

2.④ 3.③

4 다음 밑줄 친 것 중 서술어 자릿수가 다른 것은?

① 우체통에 편지 좀 <u>넣어</u> 줄 수 있니?

② 너에게 고맙다는 말을 <u>전하고</u> 싶어.

③ 그 <u>두꺼운</u> 책을 다 읽었니?

④ 네가 <u>보낸</u> 선물은 잘 받았어.

📢 Point '두껍다'는 '무엇이 어찌하다'라는 한 자리 서술어이다.
① '누가 무엇을 어디에 넣다'라는 세 자리 서술어
② '누가 누구에게 무엇을 전하다'라는 세 자리 서술어
④ '누가 무엇을 누구에게 보내다'라는 세 자리 서술어

☆ **Plus tip 서술어의 자릿수**

서술어의 자릿수란 서술어가 요구하는 필수성분의 수를 말하며, 필수성분이란 주어, 목적어, 보어, 부사어이다.

종류	뜻	형태와 예
한 자리 서술어	주어만 요구하는 서술어	주어 + 서술어 예 새가 운다.
두 자리 서술어	주어 이외에 또 하나의 필수적 문장 성분을 요구하는 서술어	• 주어 + 목적어 + 서술어 예 나는 물을 마셨다. • 주어 + 보어 + 서술어 예 물이 얼음이 된다. • 주어 + 부사어 + 서술어 예 그는 지리에 밝다.
세 자리 서술어	주어 이외에 두 개의 필수적 문장 성분을 요구하는 서술어	• 주어 + 부사어 + 목적어 + 서술어 예 진희가 나에게 선물을 주었다. • 주어 + 목적어 + 부사어 + 서술어 예 누나가 나를 시골에 보냈다.

>> ANSWER
4.③

5 모음을 다음과 같이 ㉠, ㉡으로 분류하였다. 그 기준이 되는 것은?

㉠ ㅗ, ㅚ, ㅜ, ㅟ   ㉡ ㅏ, ㅐ ㅓ, ㅔ, ㅡ, ㅣ

① 혀의 높이
② 입술 모양
③ 혀의 길이
④ 혀의 앞뒤 위치

(Point) 모음은 입술의 모양, 혀의 앞뒤 위치, 혀의 높낮이에 따라 분류할 수 있다. ㉠은 원순 모음이고 ㉡은 평순 모음으로 입술 모양에 따라 모음을 분류한 것이다.

⭐ Plus tip **모음 체계표**

혀의 앞뒤 / 혀의 높이	전설 모음		후설 모음	
	평순 모음	원순 모음	평순 모음	원순 모음
고모음	ㅣ	ㅟ	ㅡ	ㅜ
중모음	ㅔ	ㅚ	ㅓ	ㅗ
저모음	ㅐ		ㅏ	

6 다음 글의 중심내용으로 적절한 것은?

행랑채가 퇴락하여 지탱할 수 없게끔 된 것이 세 칸이었다. 나는 마지못하여 이를 모두 수리하였다. 그런데 그중의 두 칸은 앞서 장마에 비가 샌 지가 오래되었으나, 나는 그것을 알면서도 이럴까 저럴까 망설이다가 손을 대지 못했던 것이고, 나머지 한 칸은 비를 한 번 맞고 샜던 것이라 서둘러 기와를 갈았던 것이다. 이번에 수리하려고 본즉 비가 샌 지 오래된 것은 그 서까래, 추녀, 기둥, 들보가 모두 썩어서 못 쓰게 되었던 까닭으로 수리비가 엄청나게 들었고, 한 번밖에 비를 맞지 않았던 한 칸의 재목들은 완전하여 다시 쓸 수 있었던 까닭으로 그 비용이 많이 들지 않았다.

나는 이에 느낀 것이 있었다. 사람의 몸에 있어서도 마찬가지라는 사실을. 잘못을 알고서도 바로 고치지 않으면 곧 그 자신이 나쁘게 되는 것이 마치 나무가 썩어서 못 쓰게 되는 것과 같으며, 잘못을 알고 고치기를 꺼리지 않으면 해(害)를 받지 않고 다시 착한 사람이 될 수 있으니, 저 집의 재목처럼 말끔하게 다시 쓸 수 있는 것이다. 뿐만 아니라 나라의 정치도 이와 같다. 백성을 좀먹는 무리들을 내버려두었다가는 백성들이 도탄에 빠지고 나라가 위태롭게 된다. 그런 연후에 급히 바로잡으려 하면 이미 썩어 버린 재목처럼 때는 늦은 것이다. 어찌 삼가지 않겠는가.

① 모든 일에 기초를 튼튼히 해야 한다.
② 청렴한 인재 선발을 통해 정치를 개혁해야 한다.
③ 잘못을 알게 되면 바로 고쳐 나가는 자세가 중요하다.
④ 훌륭한 위정자가 되기 위해서는 매사 삼가는 태도를 지녀야 한다.

📢 Point 첫 번째 문단에서 문제를 알면서도 고치지 않았던 두 칸을 수리하는 데 수리비가 많이 들었고, 비가 새는 것을 알자마자 수리한 한 칸은 비용이 많이 들지 않았다고 하였다. 또한 두 번째 문단에서 잘못을 알면서도 바로 고치지 않으면 자신이 나쁘게 되며, 잘못을 알자마자 고치기를 꺼리지 않으면 다시 착한 사람이 될 수 있다하며 이를 정치에 비유해 백성을 좀먹는 무리들을 내버려 두어서는 안 된다고 서술하였다. 따라서 글의 중심내용으로는 잘못을 알게 되면 바로 고쳐 나가는 것이 중요하다가 적합하다.

>> ANSWER

6.③

7 다음 주어진 글의 밑줄 친 곳에 들어갈 내용으로 적절한 것은?

> 천재성에 대해서는 두 가지 서로 다른 직관이 존재한다. 개별 과학자의 능력에 입각한 천재성과 후대의 과학발전에 끼친 결과를 고려한 천재성이다. 개별 과학자의 천재성은 일반 과학자의 그것을 뛰어넘는 천재적인 지적 능력을 의미한다. 후자의 천재성은 과학적 업적을 수식한다. 이 경우 천재적인 과학적 업적이란 이전 세대 과학을 혁신적으로 바꾼 정도나 그 후대의 과학에 끼친 영향의 정도를 의미한다. 다음과 같은 두 주장을 생각해 보자. 첫째, 과학적으로 천재적인 업적을 낸 사람은 모두 천재적인 능력을 소유하고 있다. 둘째, 천재적인 능력을 소유한 과학자는 모두 반드시 천재적인 업적을 낸다. 역사적으로 볼 때 천재적인 능력을 갖추고도 천재적인 업적을 내지 못한 과학자는 많다. 이는 천재적인 능력을 갖고 태어난 사람들의 수에 비해서 천재적인 업적을 낸 과학자의 수가 상대적으로 적다는 사실만 보아도 쉽게 알 수 있다. 실제로 많은 나라에서 영재학교를 운영하고 있으며, 이들 학교에는 정도의 차이는 있지만 평균보다 탁월한 지적 능력을 보이는 학생들이 많이 있다. 그러나 이들 가운데 단순히 뛰어난 과학적 업적이 아니라 과학의 발전과정을 혁신적으로 바꿀 혁명적 업적을 내는 사람은 매우 드물다. 그러므로 _____

① 천재적인 업적을 남기는 것은 천재적인 과학자만이 할 수 있는 것은 아니다.
② 우리는 천재적인 업적을 남겼다고 평가 받는 과학자를 존경해야 한다.
③ 아이들을 영재로 키우는 것이 과학사 발전에 이바지하는 것이다.
④ 천재적인 과학자라고 해서 반드시 천재적인 업적을 남기는 것은 아니라고 할 수 있다.

🔊 (Point) 주어진 글은 천재성에 대한 천재적인 능력과 천재적인 업적이라는 두 가지 직관에 대해 말한다. 빈칸은 앞서 말한 내용을 한 문장으로 정리한 것이고, 빈칸의 앞에서 천재적인 능력을 가진 이들이 많다고 해도 이들 중 천재적인 업적을 내는 사람은 매우 드물다고 했으므로 이를 한 문장으로 정리한 ④번이 빈칸에 들어가는 것이 적절하다.

8 다음 글의 논지 전개 과정으로 옳은 것은?

> 어떤 심리학자는 "언어가 없는 사고는 없다. 우리가 머릿속으로 생각하는 것은 소리 없는 언어일 뿐이다."라고 하여 언어가 없는 사고가 불가능하다는 이론을 폈으며, 많은 사람들이 이에 동조(同調)했다. 그러나 우리는 어떤 생각은 있으되 표현할 적당한 말이 없는 경우가 얼마든지 있으며, 생각만은 분명히 있지만 말을 잊어서 표현에 곤란을 느끼는 경우도 있는 것을 경험한다. 이런 사실로 미루어 볼 때 언어와 사고가 불가분의 관계에 있는 것은 아니다.

① 전제 – 주지 – 부연   ② 주장 – 상술 – 부연

③ 주장 – 반대논거 – 반론   ④ 문제제기 – 논거 – 주장

 (Point) 제시된 글은 "언어가 없는 사고는 불가능하다."는 주장을 하다가 '표현할 적당한 말이 없는 경우와 표현이 곤란한 경우'의 논거를 제시하면서 "언어와 사고가 불가분의 관계에 있는 것이 아니다."라고 반론을 제기하고 있다.

9 다음 글의 목적으로 적절한 것은?

> 나는 왜놈이 지어준 몽우리돌대로 가리라 하고 굳게 결심하고 그 표로 내 이름 김구(金龜)를 고쳐 김구(金九)라 하고 당호 연하를 버리고 백범이라고 하여 옥중 동지들에게 알렸다. 이름자를 고친 것은 왜놈의 국적에서 이탈하는 뜻이요, '백범'이라 함은 우리나라에서 가장 천하다는 백정과 무식한 범부까지 전부가 적어도 나만한 애국심을 가진 사람이 되게 하자 하는 내 원을 표하는 것이니 우리 동포의 애국심과 지식의 정도를 그만큼이라도 높이지 아니하고는 완전한 독립국을 이룰 수 없다고 생각한 것이었다.

① 지식이나 정보의 전달   ② 독자의 생각과 행동의 변화촉구

③ 문학적 감동과 쾌락 제공   ④ 독자에게 간접체험의 기회 제공

(Point) ② 김구의 「나의 소원」은 호소력 있는 글로 독자의 행동과 태도 변화를 촉구하고 있다.

» ANSWER

8.③ 9.②

10 다음 밑줄 친 부분의 현대어 풀이로 잘못된 것은?

> ㉠ 이 몸 삼기실 제 님을 조차 삼기시니,
> 흔싱 緣연分분이며 하늘 모를 일이런가.
> ㉡ 나 ᄒ나 졈어 잇고 님 ᄒ나 날 괴시니,
> 이 ᄆᆞᆷ 이 ᄉᆞ랑 견졸 ᄃᆡ 노여 업다.
> ㉢ 平평生싱애 願원ᄒᆞ요ᄃᆡ 흔ᄃᆡ 녜쟈 ᄒᆞ얏더니,
> ㉣ 늙거야 므스 일로 외오 두고 글이ᄂᆞᆫ고.
> 엇그제 님을 뫼셔 廣광寒한殿뎐의 올낫더니,
> 그 더ᄃᆡ 엇디ᄒᆞ야 下하界계예 ᄂᆞ려오니,
> 올적의 비슨 머리 얼킈연디 三삼年년이라.

① ㉠ 이 몸이 태어날 때 임을 따라 태어나니
② ㉡ 나 혼자만 젊어있고 임은 홀로 나를 괴로이 여기시니
③ ㉢ 평생에 원하되 임과 함께 살아가려 했더니
④ ㉣ 늙어서야 무슨 일로 외따로 그리워하는고?

🔊 (Point) ② '괴시니'의 기본형은 '괴다'로 사랑한다는 의미이다. 따라서 ㉡의 밑줄 친 부분은 '나는 오직 젊어 있고, 임은 오직 나를 사랑하시니'로 풀이해야 한다.

11 다음 국어사전의 정보를 참고할 때, 접두사 '군-'의 의미가 다른 것은?

> 군 - 접사 (일부 명사 앞에 붙어)
> ① '쓸데없는'의 뜻을 더하는 접두사
> ② '가외로 더한', '덧붙은'의 뜻을 더하는 접두사

① 그녀는 신혼살림에 군식구가 끼는 것을 원치 않았다.
② 이번에 지면 더 이상 군말하지 않기로 합시다.
③ 건강을 유지하려면 운동을 해서 군살을 빼야 한다.
④ 그는 꺼림칙한지 군기침을 두어 번 해 댔다.

🔊 (Point) ① '가외로 더한', '덧붙은'의 의미를 가짐
②③④ '쓸데없는'의 의미를 가짐

12 밑줄 친 부분의 표준 발음으로 옳지 않은 것은?

① 두 사람 사이에 정치적 <u>연계</u>가 있는 것이 분명했다.→[연계]

② 반복되는 벽지 <u>무늬</u>가 마치 나의 하루와 같아 보였다.→[무니]

③ 그는 하늘을 <u>뚫는</u> 거대한 창을 가지고 나타났다.→[뚤는]

④ 그는 모든 물건을 정해진 자리에 <u>놓는</u> 습관이 있었다.→[논는]

🔊 (Point) ③ 'ㄶ, ㅀ' 뒤에 'ㄴ'이 결합되는 경우에는, 'ㅎ'을 발음하지 않는다. 또한 'ㄴ'은 'ㄹ'의 앞이나 뒤에서 [ㄹ]로 발음한다. 따라서 '뚫는'은 [뚤른]으로 발음한다.

① '예, 례' 이외의 'ㅖ'는 [ㅔ]로도 발음한다. 따라서 연계[연계/연게]로 발음한다.

② 자음을 첫소리로 가지고 있는 음절의 'ㅢ'는 [ㅣ]로 발음한다.

④ 'ㅎ' 뒤에 'ㄴ'이 결합되는 경우에는, [ㄴ]으로 발음한다.

> ☆Plus tip 자음동화
>
> 자음과 자음이 만나면 서로 영향을 주고받아 한쪽이나 양쪽 모두 비슷한 소리로 바뀌는 현상을 말한다.
>
> 예 밥물[밤물], 급류[금뉴], 몇 리[면니], 남루[남누], 난로[날로]
>
> ㉠ 비음화 … 비음의 영향을 받아 원래 비음이 아닌 자음이 비음(ㄴ, ㅁ, ㅇ)으로 바뀌는 현상을 말한다.
>
> 예 밥물→[밤물], 닫는→[단는], 국물→[궁물]
>
> ㉡ 유음화 … 유음이 아닌 자음이 유음으로 바뀌는 현상으로, 'ㄴ'과 'ㄹ'이 만났을 때 'ㄴ'이 'ㄹ'로 바뀌는 것을 말한다.
>
> 예 신라→[실라], 칼날→[칼랄], 앓는→[알는]→[알른]

>> ANSWER

12.③

13 다음 중 ㉠에 대한 설명으로 옳지 않은 것은?

나·랏:말ᄊᆞ·미 中듕國·귁·에 달·아, 文문字·ᄍᆞ·와·로 서르 ᄉᆞᄆᆞᆺ·디 아·니ᄒᆞᆯ·ᄊᆡ·이런 젼·ᄎᆞ·로 어·린 百·ᄇᆡᆨ姓·셩·이 니르·고·져·ᄒᆞᇙ·배 이·셔·도, ᄆᆞ·ᄎᆞᆷ:내 제·ᄠᅳ·들 시·러 펴·디:몯ᄒᆞᇙ·노·미 하·니·라 내·이·ᄅᆞᆯ 爲·윙·ᄒᆞ·야:어엿·비 너·겨·새·로㉠·스·믈여·듫字·ᄍᆞ·ᄅᆞᆯ 밍·ᄀᆞ노·니, :사ᄅᆞᆷ:마·다:ᄒᆡ·ᅇᅧ:수·ᄫᅵ 니·겨·날·로·ᄡᅮ·메 便뻔安한·킈ᄒᆞ·고·져 ᄒᆞᇙᄯᆞᄅᆞ·미니·라.

① 초성은 발음기관을 상형하여 'ㄱ, ㄴ, ㅁ, ㅅ, ㅇ'을 기본자로 했다.
② 초성은 'ㆁ, ㅿ, ㆆ, ㅸ'을 포함하여 모두 17자이다.
③ 중성은 '·, ㅡ, ㅣ, ㅗ, ㅏ, ㅜ, ㅓ, ㅛ, ㅑ, ㅠ, ㅕ'의 11자이다.
④ 현대 국어에서 쓰이지 않는 문자는 'ㆁ, ㅿ, ㆆ, ·'의 4가지이다.

🔊 **Point** ② 순경음 'ㅸ'은 초성에 포함되지 않는다.

☆ **Plus tip** 훈민정음의 제자 원리

㉠ 초성(자음, 17자)··· 발음 기관 상형 및 가획(加劃)

명칭	기본자	가획자	이체자
아음(牙音)	ㄱ	ㅋ	ㆁ
설음(舌音)	ㄴ	ㄷ, ㅌ	ㄹ(반설)
순음(脣音)	ㅁ	ㅂ, ㅍ	
치음(齒音)	ㅅ	ㅈ, ㅊ	ㅿ(반치)
후음(喉音)	ㅇ	ㆆ, ㅎ	

㉡ 중성(모음, 11자)··· 삼재(三才: 天, 地, 人)의 상형 및 기본자의 합성

구분	기본자	초출자	재출자
양성 모음	·	ㅗ, ㅏ	ㅛ, ㅑ
음성 모음	ㅡ	ㅜ, ㅓ	ㅠ, ㅕ
중성 모음	ㅣ		

③ 종성(자음) ··· 따로 만들지 않고 초성을 다시 쓴다[종성부용초성(終聲復用初聲)].

》 ANSWER

13.②

14 다음 글의 특징으로 옳지 않은 것은?

> 낮때쯤 하여 밭에 나갔더니 가겟집 주인 강 군이 시내에 들어갔다 나오는 길이라면서, 오늘 아침 삼팔 전선(三八全線)에 걸쳐서 이북군이 침공해 와서 지금 격전 중이고, 그 때문에 시내엔 군인의 비상소집이 있고, 거리가 매우 긴장해 있다는 뉴스를 전하여 주었다.
>
> 마(魔)의 삼팔선에서 항상 되풀이하는 충돌의 한 토막인지, 또는 강 군이 전하는 바와 같이 대규모의 침공인지 알 수 없으나, 시내의 효상(爻象)을 보고 온 강 군의 허둥지둥하는 양으로 보아 사태는 비상한 것이 아닌가 싶다. 더욱이 이북이 조국 통일 민주주의 전선(祖國統一民主主義戰線)에서 이른바 호소문을 보내어 온 직후이고, 그 글월을 가져오던 세 사람이 삼팔선을 넘어서자 군 당국에 잡히어 문제를 일으킨 것을 상기(想起)하면 저쪽에서 계획적으로 꾸민 일련의 연극일지도 모를 일이다. 평화적으로 조국을 통일하자고 호소하여도 듣지 않으니 부득이 무력(武力)을 행사할 수밖에 없다고.

① 대개 하루 동안 일어난 일을 적는다.

② 개인의 삶을 있는 그대로 기록한 글이다.

③ 글의 형식이 일정하게 정해져 있지 않다.

④ 대상 독자를 고려하면서 이해하기 쉽도록 쓴다.

🔊 **(Point)** 제시된 글은 하루의 생활에서 보고, 듣고, 느낀 것 중 인상 깊고 의의 있었던 일을 사실대로 기록한 일기문에 해당한다. 일기문은 독자적·고백적인 글, 사적(私的)인 글, 비공개적인 글, 자유로운 글, 자기 역사의 기록, 자기 응시의 글의 특징을 지니고 있다.

④ 일기문은 자기만의 비밀 세계를 자기만이 간직한다는 것을 전제로 하는 비공개적인 글이다.

※ 김성칠의 「역사 앞에서」

ㄱ 갈래: 일기문

ㄴ 주제: 한국 전쟁 속에서의 지식인의 고뇌

ㄷ 성격: 사실적, 체험적

ㄹ 특징: 역사의 격동기를 살다간 한 역사학자가 쓴 일기로, 급박한 상황 속에서 글쓴이가 가족의 안위에 대한 염려와 민족의 운명에 대한 고뇌를 담담히 술회한 내용을 담고 있다.

» ANSWER

14.④

15 다음 중 표준어가 아닌 것은?

① 수평아리 ② 숫염소
③ 수키와 ④ 숫은행나무

🔊(Point) ④ 숫은행나무 → 수은행나무

☆ **Plus tip** 표준어 규정 제7항

수컷을 이르는 접두사는 '수-'로 통일한다.(ㄱ을 취하고, ㄴ을 버림)

ㄱ	ㄴ
수-꿩	수-퀑/숫-꿩
수-나사	숫-나사
수-놈	숫-놈
수-사돈	숫-사돈
수-소	숫-소
수-은행나무	숫-은행나무

다만 1 : 다음 단어에서는 접두사는 다음에서 나는 거센소리를 인정한다. 접두사 '암-'이 결합되는 경우에도 이에 준한다.(ㄱ을 취하고, ㄴ을 버림)

ㄱ	ㄴ
수-캉아지	숫-강아지
수-캐	숫-개
수-컷	숫-것
수-키와	숫-기와
수-탉	숫-닭
수-톨쩌귀	숫-돌쩌귀
수-탕나귀	숫-당나귀
수-퇘지	숫-돼지
수-평아리	숫-병아리

다만2 : 다음 단어의 접두사는 '숫'으로 한다.

숫양 숫염소 숫쥐

---

16 다음 중 밑줄 친 단어의 맞춤법이 옳은 것은?

① 그의 무례한 행동은 저절로 <u>눈쌀</u>을 찌푸리게 했다.

② 손님은 종업원에게 당장 주인을 불러오라고 <u>닥달하였다</u>.

③ 멸치와 고추를 간장에 <u>졸였다</u>.

④ 걱정으로 밤새 마음을 <u>졸였다</u>.

📢 Point ① 눈쌀 → 눈살

② 닥달하였다 → 닦달하였다

③ 졸였다 → 조렸다

> 🌟 Plus tip '졸이다'와 '조리다'
> ㉠ 졸이다: 찌개, 국, 한약 따위의 물이 증발하여 분량이 적어지다. 또는 속을 태우다시피 초조해하다.
> ㉡ 조리다: 양념을 한 고기나 생선, 채소 따위를 국물에 넣고 바짝 끓여서 양념이 배어들게 하다.

17 다음 중 제시된 문장의 밑줄 친 어휘와 같은 의미로 사용된 것을 고르면?

> 새로 지은 아파트는 뒷산의 경관을 <u>해치고</u> 있다.

① 모두들 미풍양속을 <u>해치지</u> 않도록 주의하시기 바랍니다.

② 담배는 모든 사람의 건강을 <u>해친다</u>.

③ 그는 잦은 술자리로 몸을 <u>해쳐</u> 병을 얻었다.

④ 안심해. 아무도 널 <u>해치지</u> 않을 거야.

📢 Point ① 어떤 상태에 손상을 입혀 망가지게 하다.

②③ 사람의 마음이나 몸에 해를 입히다.

④ 다치게 하거나 죽이다.

» ANSWER

16.④ 17.①

18 다음 중 밑줄 친 부분의 맞춤법 표기가 바른 것은?

① 벌레 한 마리 때문에 학생들이 <u>법썩</u>을 떨었다.

② <u>실낱같은</u> 희망을 버리지 않고 있다.

③ <u>오뚜기</u> 정신으로 위기를 헤쳐 나가야지.

④ <u>더우기</u> 몹시 무더운 초여름 날씨를 예상한다.

📢(Point) ① 법썩 → 법석
③ 오뚜기 → 오뚝이
④ 더우기 → 더욱이

19 다음 중 관용 표현이 사용되지 않은 것은?

① 甲은 乙의 일이라면 가장 먼저 발 벗고 나섰다.

② 아이는 손을 크게 벌려 꽃 모양을 만들어 보였다.

③ 지후는 발이 길어 부르지 않아도 먹을 때가 되면 나타났다.

④ 두 사람은 매일같이 서로 바가지를 긁어대도 누가 봐도 사이좋은 부부였다.

📢(Point) ②에서 나타난 손을 벌리다는 '무엇을 달라고 요구하거나 구걸하다'는 뜻의 관용표현이 아닌 손을 벌리는 모양을 표현한 것이다.
① 발 벗고 나서다 : 적극적으로 나서다.
③ 발(이) 길다 : 음식 먹는 자리에 우연히 가게 되어 먹을 복이 있다.
④ 바가지(를) 긁다 : 주로 아내가 남편에게 생활의 어려움에서 오는 불평과 잔소리를 심하게 하다.

20 다음 〈보기〉에 제시된 음운현상과 다른 음운현상을 보이는 것은?

> 〈보기〉
>
> XABY → XCY

① 밥하다   ② 띄다

③ 맏형   ④ 따라

🔊 (Point) 주어진 음운현상은 AB가 축약되어 C가 되는 음운 축약현상이다.

> ☆ Plus tip 축약
> 두 음운이 합쳐져서 하나의 음운으로 줄어 소리 나는 현상을 말한다.
> ㉠ 자음의 축약: ㅎ + ㄱ, ㄷ, ㅂ, ㅈ → ㅋ, ㅌ, ㅍ, ㅊ
>   **예** 낳고[나코], 좋대[조타], 잡히다[자피다], 맞히다[마치다]
> ㉡ 모음의 축약: 두 모음이 만나 한 모음으로 줄어든다.
>   **예** 보 + 아 → 봐, 가지어 → 가져, 사이 → 새, 되었다 → 됐다

>> ANSWER

20.④

1 다음 문장을 형태소로 바르게 나눈 것은?

> 가을 하늘은 높고 푸르다.

① 가을 / 하늘은 / 높고 / 푸르다.
② 가을 / 하늘 / 은 / 높고 / 푸르다.
③ 가을 / 하늘 / 은 / 높 / 고 / 푸르다.
④ 가을 / 하늘 / 은 / 높 / 고 / 푸르 / 다.

 (Point) 용언의 어간과 어미는 각각 하나의 형태소 자격을 가지므로, '높고'와 '푸르다'는 각각 '높-고', '푸르-
다'로 나누어야 한다.
② 단어(낱말)로 나눈 것이다.

2 다음을 고려할 때, 단어 형성 방식이 나머지 셋과 다른 것은?

> 단어는 하나 이상의 형태소가 결합한 단위인데, '산, 강'처럼 하나의 어근으로 이루어진
> 단어를 단일어라고 한다. 한편 '풋사과'처럼 파생 접사와 어근이 결합하여 이루어진 단어
> 를 파생어라고 하며, '밤낮'처럼 둘 이상의 어근이 결합하여 만들어진 단어를 합성어라고
> 한다.

① 군말   ② 돌다리
③ 덧가지   ④ 짓누르다

(Point) 돌(어근)+다리(어근) → 합성어
① 군(접두사)+말(어근) → 파생어
③ 덧(접두사)+가지(어근) → 파생어
④ 짓(접두사)+누르다(어근) → 파생어

3 다음의 음운 규칙이 모두 나타나는 것은?

> • 음절의 끝소리 규칙 : 우리말의 음절의 끝에서는 7개의 자음만이 발음됨.
> • 비음화 : 끝소리가 파열음인 음절 뒤에 첫소리가 비음인 음절이 연결될 때, 앞 음절의 파열음이 비음으로 바뀌는 현상.

① 덮개[덥깨]　　　　　　　　② 문고리[문꼬리]
③ 꽃망울[꼰망울]　　　　　　④ 광한루[광할루]

📢(Point) ③ 꽃망울이 [꼰망울]로 발음되는 현상에서는 음절의 끝소리 규칙([꼰망울]의 '꼰'이 'ㄴ'받침으로 발음됨)과 비음화(원래 꽃망울은 [꼳망울]로 발음이 되나 첫음절 '꼳'의 예사소리 'ㄷ'과 둘째 음절 '망'의 비음인 'ㅁ'이 만나 예사소리 'ㄷ'이 비음인 'ㄴ'으로 바뀌게 됨)규칙이 모두 나타난다.

4 다음 중 밑줄 친 동사의 종류가 다른 것은?

① 금메달을 땄다는 낭보를 <u>알렸다</u>.
② 어머니가 아이에게 밥을 <u>먹인다</u>.
③ 그 사연이 사람들을 <u>울린다</u>.
④ 앞 차가 뒷 차에게 따라 <u>잡혔다</u>.

📢(Point) '잡히다'는 '잡다'의 피동사로 주어가 남의 행동을 입어서 행하게 되는 동작을 나타내는 피동 표현이다. ①②③ 주어가 남에게 어떤 동작을 하도록 시키는 사동 표현이다.

> ☆ **Plus tip**
> ※ 사동 표현의 방법
> 　㉠ 용언 어근 + 사동 접미사(-이-, -히-, -리-, -기-, -우-, -구-, -추-) → 사동사
> 　　**예** 죽다 → 죽이다, 익다 → 익히다, 날다 → 날리다
> 　㉡ 동사 어간 + '-게 하다'
> 　　**예** 선생님께서 영희를 가게 했다.
> ※ 피동 표현의 방법
> 　㉠ 동사 어간 + 피동 접미사(-이-, -히-, -리-, -기-) → 피동사
> 　　**예** 꺾다 → 꺾이다, 잡다 → 잡히다, 풀다 → 풀리다
> ㆍ㉡ 동사 어간 + '-어 지다'
> 　　**예** 그의 오해가 철수에 의해 풀어졌다.

≫ **ANSWER**
3.③　4.④

5 다음 낱말을 국어사전의 올림말(표제어) 순서에 따라 차례대로 배열하면?

> ㉠ 웬일   ㉡ 왜곡
>
> ㉢ 와전   ㉣ 외가

① ㉢→㉠→㉡→㉣
② ㉢→㉡→㉠→㉣
③ ㉢→㉡→㉣→㉠
④ ㉢→㉣→㉡→㉠

🔊 (Point) 국어사전에서 낱말은 첫째 글자, 둘째 글자, 셋째 글자와 같이 글자의 순서대로 실린다. 또한 이렇게 나뉜 글자는 각각 첫소리, 가운뎃소리, 끝소리와 같이 글자의 짜임대로 실린다.

단어의 첫 자음이 모두 'ㅇ'이므로 모음의 순서(ㅏ, ㅐ, ㅑ, ㅒ, ㅓ, ㅔ, ㅕ, ㅖ, ㅗ, ㅘ, ㅙ, ㅚ, ㅛ, ㅜ, ㅝ, ㅞ, ㅟ, ㅠ, ㅡ, ㅢ, ㅣ)에 따라 ㉢→㉡→㉣→㉠이 된다.

6 다음 중 국어의 로마자 표기법에 따라 바르게 표기하지 않은 것은?

① 대관령 Daegwallyeong
② 세종로 Sejong-ro
③ 샛별 saetbyeol
④ 오죽헌 Ojukeon

🔊 (Point) ④ 오죽헌의 바른 표기는 Ojukheon이다.

7 다음 글의 제목으로 적절한 것은?

> 어느 대학의 심리학 교수가 그 학교에서 강의를 재미없게 하기로 정평이 나 있는, 한 인류학 교수의 수업을 대상으로 실험을 계획했다. 그 심리학 교수는 인류학 교수에게 이 사실을 철저히 비밀로 하고, 그 강의를 수강하는 학생들에게만 사전에 몇 가지 주의 사항을 전달했다. 첫째, 그 교수의 말 한 마디 한 마디에 주의를 집중하면서 열심히 들을 것. 둘째, 얼굴에는 약간 미소를 띠면서 눈을 반짝이며 고개를 끄덕이기도 하고 간혹 질문도 하면서 강의가 매우 재미있다는 반응을 겉으로 나타내며 들을 것.
>
> 한 학기 동안 계속된 이 실험의 결과는 흥미로웠다. 우선 재미없게 강의하던 그 인류학 교수는 줄줄 읽어 나가던 강의 노트에서 드디어 눈을 떼고 학생들과 시선을 마주치기 시작했고 가끔씩은 한두 마디 유머 섞인 농담을 던지기도 하더니, 그 학기가 끝날 즈음엔 가장 열의 있게 강의하는 교수로 면모를 일신하게 되었다. 더욱 더 놀라운 것은 학생들의 변화였다. 처음에는 실험 차원에서 열심히 듣는 척하던 학생들이 이 과정을 통해 정말로 강의에 흥미롭게 참여하게 되었고, 나중에는 소수이긴 하지만 아예 전공을 인류학으로 바꾸기로 결심한 학생들도 나오게 되었다.

① 학생 간 의사소통의 중요성
② 교수 간 의사소통의 중요성
③ 언어적 메시지의 중요성
④ 공감하는 듣기의 중요성

Point 제시된 글은 실험을 통해 학생들의 열심히 듣기와 강의에 대한 반응이 교수의 말하기에 미친 영향을 보여 주고 있다. 즉, 경청, 공감하며 듣기의 중요성에 대해 보여 주는 것이다.

» ANSWER

7.④

8 다음 밑줄 친 부분의 띄어쓰기가 바른 문장은?

① 마을 사람들은 어느 말을 정말로 믿어야 <u>옳은 지</u> 몰라서 멀거니 두 사람의 입을 쳐다보고만 있었다.

② 강아지가 집을 나간 지 <u>사흘만에</u> 돌아왔다.

③ 그냥 모르는 척 <u>살만도</u> 한데 말이야.

④ 자네, 도대체 이게 <u>얼마 만인가.</u>

📢 Point ① 옳은 지 → 옳은지, 막연한 추측이나 짐작을 나타내는 어미이므로 붙여서 쓴다.
② 사흘만에 → 사흘 만에, '시간의 경과'를 의미하는 의존명사이므로 띄어서 사용한다.
③ 살만도 → 살 만도, 붙여 쓰는 것을 허용하기도 하나(살 만하다) 중간에 조사가 사용된 경우 반드시 띄어 써야 한다(살 만도 하다).

9 외래어 표기가 모두 옳은 것은?

① 뷔페 – 초콜렛 – 컬러   ② 컨셉 – 서비스 – 윈도

③ 파이팅 – 악세사리 – 리더십   ④ 플래카드 – 로봇 – 캐럴

📢 Point ① 초콜렛 → 초콜릿
② 컨셉 → 콘셉트
③ 악세사리 → 액세서리

10 어문 규정에 어긋난 것으로만 묶인 것은?

① 기여하고저, 뻐드렁니, 돌('첫 생일')

② 퍼붇다, 쳐부수다, 수퇘지

③ 안성마춤, 삵괭이, 더우기

④ 고샅, 일찍이, 굶주리다

📢 Point ① 기여하고저 → 기여하고자
② 퍼붇다 → 퍼붓다
③ 안성마춤 → 안성맞춤, 삵괭이 → 살쾡이, 더우기 → 더욱이
④ 굶주리다 → 굶주리다

▶▶ ANSWER

8.④ 9.④ 10.③

11 〈보기〉의 밑줄 친 ㉠에 해당하는 글자가 아닌 것은?

> 〈보기〉
>
> 한글 중 초성자는 기본자, 가획자, 이체자로 구분된다. 기본자는 조음 기관의 모양을 상형한 글자이다. ㉠가획자는 기본자에 획을 더한 것으로, 획을 더할 때마다 그 글자가 나타내는 소리의 세기는 세어진다는 특징이 있다. 이체자는 획을 더한 것은 가획자와 같지만 가획을 해도 소리의 세기가 세어지지 않는다는 차이가 있다.

① ㄹ

② ㅋ

③ ㅍ

④ ㅎ

🔊 **Point** 초성자는 자음을 가리킨다. 한글 창제 원리를 담고 있는 해례본을 보면 자음은 발음기관을 상형하여 기본자(ㄱ, ㄴ, ㅁ, ㅅ, ㅇ)를 만든 후 획을 더해 나머지를 글자를 만들었다. 그리고 이체자는 획을 더하는 것은 가획자와 같지만 가획을 해도 소리의 세기가 세어지지 않는다고 정리하고 있다. ㅋ은 ㄱ의 가획자, ㅍ은 ㅁ의 가획자, ㅎ은 ㅇ으로부터 가획된 글자이다.
① ㄹ은 이체자이다.

12 다음 시에 대한 설명으로 옳지 않은 것은?

> 우는 거시 벅구기가 프른 거시 버들숩가
> 이어라 이어라
> 어촌(漁村) 두어 집이 닛속의 나락들락
> 지국총(支局悤) 지국총(支局悤) 어사와(於思臥)
> 말가흔 기픈 소희 온갇 고기 뛰노ᄂ다.

① 원작은 각 계절별로 10수씩 모두 40수로 되어 있다.

② 어촌의 경치와 어부의 생활을 형상화하고 있다.

③ 각 장 사이의 후렴구를 제외하면 시조의 형식이 된다.

④ 자연에 몰입하는 가운데에서도 유교적 이념을 구체화하고 있다.

🔊 **Point** ④ 자연에 묻혀 한가롭게 살아가는 여유와 흥을 노래하고 있다.

≫ **ANSWER**

11.① 12.④

13 밑줄 친 단어가 다의어 관계인 것은?

① 이 방은 볕이 잘 <u>들어</u> 늘 따뜻하다.

　형사는 목격자의 증언을 증거로 <u>들었다</u>.

② 난초의 향내가 거실에 가득 <u>차</u> 있었다.

　그는 손목에 <u>찬</u> 시계를 자꾸 들여다보았다.

③ 운동을 하지 못해서 군살이 <u>올랐다</u>.

　아이가 갑자기 열이 <u>올라</u> 해열제를 먹였다.

④ 그는 조그마한 수첩에 일기를 <u>써</u> 왔다.

　대부분의 사람이 문서 작성에 컴퓨터를 <u>쓴다</u>.

🔊 Point ①②④ 동음이의어(同音異議語)

14 ㉠~㉢의 밑줄 친 부분이 높이고 있는 인물은?

> ㉠ 할아버지께서는 아버지의 사업을 <u>도우신다</u>.
> ㉡ 형님이 선생님을 <u>모시고</u> 집으로 왔다.
> ㉢ 할머니, 아버지가 고모에게 전화하는 것을 <u>들었어요</u>.

	㉠	㉡	㉢
①	아버지	선생님	할머니
②	아버지	형님	아버지
③	할아버지	형님	아버지
④	할아버지	선생님	할머니

🔊 Point 높임표현
㉠ 주체높임선어말어미 '-시-'는 문장의 주체인 '할아버지'를 높이기 위한 것이다.
㉡ 문장의 객체높임 동사인 '모시다'는 객체인 '선생님'을 높이기 위해 쓰인 것이다.
㉢ 문장의 명사절 '아버지가 고모에게 전화하는 것'에 '-시-'가 없는 것으로 보아, 화자가 압존법을 쓰고 있다는 것을 알 수 있다. 즉 화자는 명사절의 주체인 '아버지'는 높이지 않고 있다. 또한 서술어 행위를 하는 주체와 화자가 동일하기 때문에 서술어 '듣다'에 '-시-'를 붙여 높이지 않았다. 끝으로 화자가 서술어에서 상대높임 보조사 '요'를 쓴 이유는 청자인 할머니를 높이기 위해서이다. 따라서 ㉢ 문장의 밑줄 친 부분이 높이고 있는 인물은 할머니가 된다.

15 다음은 하나의 문장을 구성하는 문장들을 순서 없이 나열한 것이다. ⊙~@ 중 주제문으로 가장 적당한 것은?

> ⊙ 범죄를 저지른 사람 중에는 나쁜 가정환경에서 자란 경우가 많다.
> ⓒ 인간됨이 이지러져 있을 때 가치 판단이 흐려지기 쉽다.
> ⓒ 범죄를 저지른 사람들은 대체로 자포자기의 상황에 처한 경우가 많다.
> @ 인간의 범죄 행위의 원인은 개인의 인간성과 가정환경으로 설명될 수 있다.

① ⊙   ② ⓒ
③ ⓒ   ④ @

📢(Point) 주제문은 문단 전체의 내용을 포괄할 수 있는 내용이어야 한다.

16 다음 글의 내용 전개 방식으로 적절한 것은?

> 유네스코 유산은 세계유산, 무형문화유산, 세계기록유산으로 나눌 수 있다. 세계문화유산은 또한 문화유산, 자연유산, 복합유산으로 나눌 수 있는데 문화유산은 기념물, 건조물군, 유적지 등이 해당하며, 자연유산은 자연지역이나 자연유적지가 해당된다. 복합유산은 문화유산과 자연유산의 특징을 동시에 충족하는 유산이다. 무형문화유산은 공동체와 집단이 자신들의 환경, 자연, 역사의 상호작용에 따라 끊임없이 재창해온 각종 지식과 기술, 공연예술, 문화적 표현을 아우른다. 기록유산은 기록을 담고 있는 정보 또는 그 기록을 전하는 매개물이다. 단독 기록일수 있으며 기록의 모음일수도 있다.

① 서사   ② 과정
③ 인과   ④ 분류

📢(Point) 유네스코 유산을 세계유산, 무형문화유산, 세계기록유산으로 분류하고, 다시 세계유산을 문화유산, 자연유산, 복합유산으로 분류하여 설명하고 있다.

» ANSWER

15.④ 16.④

17 다음 글에 나타난 북곽 선생의 행위를 표현한 말로 적절한 것은?

> 북곽 선생이 머리를 조아리고 엉금엉금 기어 나와서 세 번 절하고 꿇어앉아 우러러 말했다. "범님의 덕은 지극하시지요. 대인은 그 변화를 본받고 제왕은 그 걸음을 배우며, 자식 된 자는 그 효성을 본받고 장수는 그 위엄을 취합니다. 범님의 이름은 신룡(神龍)의 짝이 되는지라, 한 분은 바람을 일으키시고 한 분은 구름을 일으키시니, 저 같은 하토(下土)의 천한 신하는 감히 아랫자리에 서옵니다."

① 자화자찬(自畵自讚)
② 감언이설(甘言利說)
③ 대경실색(大驚失色)
④ 박장대소(拍掌大笑)

🔊 (Point) '북곽 선생이 머리를 조아리고 엉금엉금 기어 나와서 세 번 절하고 꿇어앉아 우러러 말했다.'는 부분에서 북곽 선생이 범의 비위를 맞추기 위한 말을 늘어놓고 있음을 알 수 있다. '감언이설'은 '남의 비위에 맞도록 꾸민 달콤한 말과 이로운 조건을 내세워 꾀는 말'로 북곽 서선생의 태도와 어울리는 한자성어이다.

18 다음 중 피동 표현이 쓰이지 않은 것은?

① 창호지 문이 찢어졌다.
② 개그맨이 관객을 웃기고 있다.
③ 운동장의 잔디가 밟혀서 엉망이 되었다.
④ 많은 사람들에게 읽힌다고 좋은 소설은 아니다.

🔊 (Point) 피동 표현이란 주어가 남의 행동의 영향을 받아서 행하게 되는 움직임을 나타내는 것이다.
① 찢어졌다 : 동사 어간 + '-어 지다'
② 웃기다 : '웃다'에 사동 접미사 '-기-'를 더해 이루어진 사동 표현이다.
③ 밟힌다 : 동사 어간 + 피동 접미사 '-하-'
④ 읽힌다 : 동사 어간 + 피동 접미사 '-히-'

19 다음 중 겹문장의 성격이 다른 하나는?

① 영미가 그림에 소질이 있음이 밝혀졌다.

② 그가 노벨 문학상을 받게 되었다는 소문이 있다.

③ 낮말은 새가 듣고 밤말은 쥐가 듣는다.

④ 산 그림자가 소리도 없이 다가온다.

📢 **Point** ③은 이어진 문장이고 ①②④는 안은문장이다.

　① 명사절로 안긴문장

　② 관형절로 안긴문장

　③ 대등하게 이어진문장

　④ 부사절로 안긴문장

☆ **Plus tip 겹문장**

주어와 서술어의 관계가 두 번 이상 맺어지는 문장으로, 안은문장과 이어진문장이 있다.

㉠ 안은문장 … 독립된 문장이 다른 문장의 성분으로 안기어 이루어진 겹문장을 말한다.

• 명사절로 안김 : 한 문장이 다른 문장으로 들어가 명사 구실을 한다.

　📖 영미가 그림에 소질이 있음이 밝혀졌다.

• 서술절로 안김 : 한 문장이 다른 문장으로 들어가 서술어 기능을 한다.

　📖 곤충은 다리가 여섯 개다.

• 관형절로 안김 : 한 문장이 다른 문장으로 들어가 관형어 구실을 한다.

　📖 그가 노벨 문학상을 받게 되었다는 소문이 있다.

• 부사절로 안김 : 파생 부사 '없이, 달리, 같이' 등이 서술어 기능을 하여 부사절을 이룬다.

　📖 산 그림자가 소리도 없이 다가온다.

• 인용절로 안김 : 인용문이 다른 문장으로 들어가 안긴다.

　📖 나폴레옹은 자기의 사전에 불가능은 없다고 말했다.

㉡ 이어진 문장 … 둘 이상의 독립된 문장이 연결 어미에 의해 이어져 이루어진 겹문장을 말한다.

• 대등하게 이어진 문장 : 대등적 연결 어미인 '-고, -(으)며, (으)나, -지만, -든지, -거나'에 의해 이어진다.

　📖 낮말은 새가 듣고 밤말은 쥐가 듣는다.

• 종속적으로 이어진 문장 : 종속적 연결 어미인 '-어(서), -(으)니까, -(으)면, -거든, (으)ㄹ수록'에 의해 이어진다.

　📖 너희는 무엇을 배우려고 학교에 다니니?

» ANSWER

19.③

20 다음 중 높임 표현이 바르게 쓰인 것은?

① 할아버지, 아버지가 지금 막 집에 왔습니다.

② 그 분은 다섯 살 된 따님이 계시다.

③ 영수야, 선생님이 빨리 오시래.

④ 할머니께서는 이빨이 참 좋으십니다.

🔊 (Point) 청자인 할아버지가 아버지보다 높으므로 바른 표현이다.

② 계시다 → 있으시다.

③ 오시래 → 오라고 하셔.

④ 이빨 → 치아

☆ Plus tip **높임 표현**

㉠ 주체 높임법 ··· 용언 어간 + 선어말 어미 '−시−'의 형태로 이루어져 서술어가 나타내는 행위의 주체를 높여 표현하는 문법 기능을 말한다.

　🔲 선생님께서 그 책을 읽으셨(시었)다.

㉡ 객체 높임법 ··· 말하는 이가 서술의 객체를 높여 표현하는 문법 기능을 말한다(드리다, 여쭙다, 뵙다, 모시다 등).

　🔲 나는 그 책을 선생님께 드렸다.

㉢ 상대 높임법 ··· 말하는 이가 말을 듣는 상대를 높여 표현하는 문법 기능을 말한다.

• 격식체

등급	높임 정도	종결 어미	예
하십시오체	아주 높임	−ㅂ시오	여기에 앉으십시오.
하오체	예사 높임	−시오	여기에 앉으시오.
하게체	예사 낮춤	−게	여기에 앉게.
해라체	아주 낮춤	−아라	여기에 앉아라.

• 비격식체

등급	높임 정도	종결 어미	예
해요체	두루 높임	−아요	여기에 앉아요.
해체	두루 낮춤	−아	여기에 앉아.

» ANSWER

20.①

PART II

통신공학

1 다음 식에서 직류 신호의 값으로 옳은 것은?

$$f(t) = \frac{1}{4} + \sum_{n=1}^{\infty} \left(\frac{1}{2} \cos 4\omega_0 t + \frac{1}{8} \sin 2\omega_0 t \right)$$

① $\dfrac{1}{4}$

② $\dfrac{1}{2}$

③ 4

④ $\dfrac{1}{8}$

📢 Point 푸리에 급수의 일반식 $f(t) = a_0 + \sum\limits_{n=1}^{\infty} (a_n \cos n\omega_0 t + b_n \sin n\omega_0 t)$ 에서 직류 성분은 a_0, cos 성분은 a_n, sin 성분은 b_n 이므로 $a_0 = \dfrac{1}{4}$ 이다.

2 신호를 여러 개의 정현파의 합으로 표현한 내용을 무엇이라 하는가?

① Fourier 급수

② Norton 정리

③ Superposition 정리

④ Taylor 전개

📢 Point 푸리에 급수는 무수히 많은 정현파의 합으로 단진자 운동 합성의 식이라고 함. 푸리에 급수는 주로 주기적인 신호를 해석하는데 이용한다.

》 ANSWER

1.① 2.①

3 서로 독립인 심볼 s_1, s_2, s_3, s_4의 발생확률이 각각 $\dfrac{1}{2}$, $\dfrac{1}{4}$, $\dfrac{1}{8}$, $\dfrac{1}{8}$이라고 한다. 심볼 네 개로 이루어진 합성 메시지 $X = s_1 s_2 s_3 s_4$의 정보량 $I(X)$는?

① 9[bits]

② 8[bits]

③ 7[bits]

④ 6[bits]

🔊(Point) 확률 p_i에 따른 정보량은 $\log_2 \dfrac{1}{p_i}$이므로, s_1, s_2, s_3, s_4의 비트수는 각각 1, 2, 3, 3비트이므로 $I(X) = 1 + 2 + 3 + 3 = 9[\text{bits}]$이다.

4 변조에 대한 설명으로 옳지 않은 것은?

① 주파수나 크기가 일정한 전파를 신호에 따라 크기를 바꾸거나 주파수를 변화시키는 것이다.

② 아날로그 변조에는 AM, FM, PM 등이 있다.

③ 주파수 편이 변조(FSK)는 디지털 변조이다.

④ PAM(펄스 진폭 변조)은 디지털 변조이다.

🔊(Point) 변조의 종류
ⓐ 디지털 변조 : PCM, ASK, FSK, PSK 등
ⓑ 아날로그 변조 : PAM, PWM, PPM, PFM 등

5 단측파대(SSB ; Single Side Band) 변조방식에 대한 설명 중 옳지 않은 것은?

① 상측파대와 하측파대 중 하나를 전송하는 방식이다.

② 양측파대(DSB ; Double Side Band)에 비해 송신기의 소비 전력이 크기 때문에 선택성 페이딩(selectivity fading)의 영향을 많이 받는다.

③ 복조에서는 반송파(carrier)를 부가하여 포락선 검파가 가능하다.

④ 대역폭은 양측파대(DSB ; Double Side Band)의 $\frac{1}{2}$ 이다.

Point SSB는 DSB에 비해 송신기의 소비전력이 작다.

6 FM파에 대한 설명으로 옳은 것은?

① FM 피변조파의 순시 위상은 변조 신호에 비례하고, 그 순시 주파수는 변조 신호의 적분값에 비례한다.

② FM 피변조파의 순시 위상은 변조 신호의 적분값에 비례하고, 그 순시 주파수는 변조 신호에 비례한다.

③ FM 피변조파의 순시 위상은 변조 신호에 비례하고 그 순시 주파수는 변조 신호의 미분값에 비례한다.

④ FM 피변조파의 순시 위상은 변조 신호의 미분값에 비례하고 그 순시 주파수도 변조 신호의 미분값에 비례한다.

Point FM과 PM의 특성
ⓐ FM의 경우에는 피변조파의 순시 주파수는 변조 신호에 비례하고 그 순시 위상은 변조 신호의 적분값에 비례한다.
ⓑ PM의 경우에는 피변조파의 순시 위상이 변조 신호에 비례하고 그 순시 주파수는 변조 신호의 미분값에 비례한다.

7 다수의 장치가 네트워크를 형성하여 통신링크를 공유하면서 데이터를 전송할 때 사용하는 매체 접근 제어(media access control) 방식으로 옳지 않은 것은?

① DATAGRAM

② CSMA/CA

③ TOKEN PASSING

④ Slotted ALOHA

> **Point** 다수의 매체가 네트워크를 형성하여 통신링크를 공유하면서 데이터를 전송할 때 전송매체에 대한 접근을 제어하기 위한 프로토콜을 MAC(Media Access Control) 프로토콜이라 한다.
> ALOHA, Slotted Aloha, CSMA, CSMA/CD, Token Bus, Token Ring, CSMA · CA
> DATAGRAM은 IP계층의 패킷을 말하며 IP데이터그램이라고 한다.

8 펄스 부호 변조(PCM) 과정에서 양자화 잡음은 피할 수 없다. 이를 최소화할 수 있는 방법으로 옳지 않은 것은?

① 양자화기의 비트 수를 증가시킨다.

② 비선형 양자화기를 사용한다.

③ 양자화 스텝 크기를 늘린다.

④ 압신(companding) 방식을 사용한다.

> **Point** 양자화 스텝의 크기를 늘리면 비트율이 작아지지만 양자화 잡음은 커진다.

9 PM(phase modulation) 변조기의 최대위상편이가 1radian이고 변조신호의 대역폭이 100kHz라고 할 때, 근사적으로 예측되는 전송대역폭[kHz]은?

① 200

② 400

③ $\dfrac{200}{2\pi}$

④ $\dfrac{400}{2\pi}$

> **Point** 전송 대역폭 $B = 2f_m + 2\triangle f$
>
> $2\triangle f = f_m \cdot \triangle\theta$
>
> $B = 2f_m + 2f_m \cdot \triangle\theta = 2f_m(1 + \triangle\theta)$
>
> $\quad = 2 \times 100\text{kHz} + 2 \times 100\text{kHz} \times 1$
>
> $\quad = 200\text{kHz} + 200\text{kHz} = 400\text{kHz}$

10 비동기식 3G(WCDMA)표준진화단계에 위치하는 방식으로 하향 링크에서 고속 데이터 전송을 추가하기 위한 접속 기법에 해당하는 것은?

① HDTV

② 위성 안테나

③ HSDPA

④ 정지 위성 접속

> **Point** HSDPA(High Speed Downlink Pocket Access) … 하향 다운로드 속도가 WCDMA 7배나 빠른 차세대 이동통신기술로 초당 최대 14Mb를 전송받을 수 있고 망처리 용량의 개선으로 1개의 기지국에서 수용할 수 있는 사용자 수가 3배로 늘어날 수 있다.

>> ANSWER

9.② 10.③

11 아래와 같은 2진(binary) 대칭 채널에서 0을 수신했을 때 0이 송신되었을 확률은 약 얼마인가? (단, 0의 송신확률은 0.4이고, 0을 송신했을 때 0을 수신할 확률과 1을 송신했을 때 1을 수신할 확률이 0.8로 동일하다.)

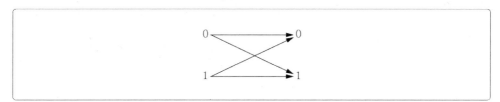

① 0.58

② 0.73

③ 0.81

④ 0.88

(Point) 0을 수신했을 경우의 사건을 A, 0을 송신했을 경우의 사건을 B라고 하면, 0을 송신했을 확률 $P(B) = 0.4$, 0을 수신할 확률은 0을 송신하고 0을 수신했을 확률과 1을 송신하고 0을 수신했을 확률의 합이므로 $P(A) = 0.4 \times 0.8 + 0.6 \times (1 - 0.8) = 0.44$

A와 B가 동시에 발생할 확률 $P(A \cap B) = 0.4 \times 0.8 = 0.32$

0을 수신했는데 0을 송신했을 확률은 $P(B|A) = \dfrac{P(A \cap B)}{P(A)} = \dfrac{0.32}{0.44} \cong 0.73$

12 데이터 전송에서 에러의 검출 및 교정까지 할 수 있는 부호에 해당하는 것은?

① 수평 패리티

② 해밍 코드

③ 패리티 비트

④ 우수 패리티

(Point) 해밍 코드(Hamming Code) … 에러의 검출과 수정을 위해 저장되거나 또는 전송되는 데이터에 부가되는 여분의 비트를 말한다. 에러 검출 코드들은 에러를 검출할 수는 있지만 그 에러를 교정하는 것은 불가능하다. 이와 같이 불합리한 점을 제거하고 에러의 발견, 교정이 가능한 원리의 코드가 해밍 코드이다.

13 FM(frequency modulation) 수신기의 출력 잡음 전력밀도 스펙트럼이 주파수 제곱에 비례하는 특성을 보상하기 위해 FM 송신기에서 미리 신호를 전치 왜곡시키는 그림과 같은 필터가 있다. 이 필터의 예상되는 주파수 응답 특성($|H(\omega)|$)으로 옳은 것은? (단, 여기서 R_1, R_2, C의 값은 0이 아니며, 필터의 삽입손실은 없다)

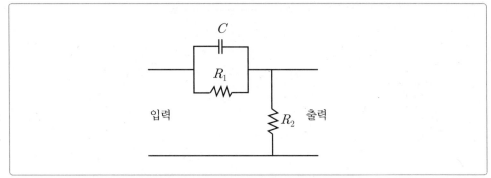

①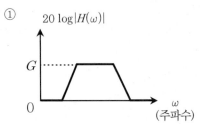

②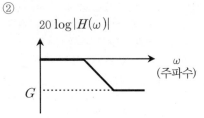

③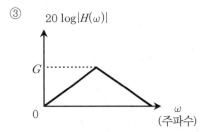

④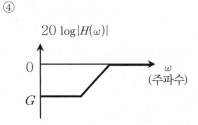

≫ ANSWER

13.④

(Point) 보기의 회로는 프리엠퍼시스 회로(pre-emphasis circuit)로 FM 무선 전화나 테이프 녹음기 등에서 송신시에 저주파 신호가 높은 주파수 부분을 강조하는 회로이다.

출력 특성

출력 특성과 같이 고주파 부분을 증폭하여 전송한다.

14 7 bit로 한 문자를 표현하는 표준 코드는?

① BCD 코드

② ASCII 코드

③ 해밍 코드

④ Gray 코드

(Point) ① BCD 코드 : 6비트 코드로 1문자를 표현
② ASCII 코드 : 7비트 코드로 1문자를 표현
③ 해밍코드 : 오류정정코드
④ Gray 코드 : 인접코드와 1비트만 다른 코드 입출력장치 주변장치에 사용

15 다음 중 다중 통신 방식에 해당하지 않는 것은?

① PCM

② FDM

③ TDM

④ WDM

📢(Point) ① 펄스 코드 변조 방식을 의미하며 아날로그 데이터 전송에 사용되는 변조 방식이다.

② 주파수 분할 다중화기를 의미하며 통신 채널을 여러 주파수 채널로 분리하여 사용하는 다중화 방식이다.

③ 시분할 다중화기를 의미하며 음성 신호를 작은 시간으로 나누어 순서대로 배정하여 고속의 한 전송로에 전송하는 방식으로 디지털 전송에 적합하다.

④ 파장 분할 다중화기를 의미하며 다수의 데이터를 하나의 광섬유에 싣는 기술로 통신용량과 속도를 향상시키는 광전송 방식이다. 광섬유 1개에 최대 80개의 채널을 실을 수 있다.

16 일반적으로 사용하는 네트워크의 평가 척도로 옳은 것은?

① 노드수   ② 응답 시간

③ 통신 장비   ④ 통신 소프트웨어

📢(Point) 네트워크의 평가 기준

㉠ 성능 : 응답 시간 및 전달 시간

㉡ 신뢰성 : 정확성, 고장 빈도수, 링크 복구 시간 및 견고성

㉢ 보안 : 불법 접근 및 바이러스에 의한 데이터 보안

>> ANSWER

15.① 16.②

17 이동통신의 세대 진행 순서로 옳은 것은?

① AMPS − CDMA − IMT 2000

② AMPS − IMT 2000 − CDMA

③ CDMA − AMPS − IMT 2000

④ IMT 2000 − CDMA − AMPS

🔊 (Point) 이동통신의 발전
ㄱ AMPS(Advanced Mobile Phone System) : 셀룰러 방식의 이동통신이다.
ㄴ CDMA(Code Division Multiple Access) : 디지털 방식의 이동통신이다.
ㄷ IMT−2000(International Mobile Telecommunication 2000) : 육상 및 위성을 이용한 음성, 고속데이터, 영상 등의 멀티미디어 서비스와 글로벌로밍을 제공하는 유무선 통합 차세대 통신 서비스이다.

18 이동통신 시스템에서 무선 채널을 효율적으로 이용하기 위하여 커다란 지역을 작은 지역으로 분할하여 범위를 정하는 단위를 지칭하는 것은?

① 셀

② 톤

③ 파장

④ 파형

🔊 (Point) 셀 … 기지국 출력의 크기, 해당 지역의 가입자 수, 사용 채널의 수에 의해 결정되는 하나의 기지국이 커버할 수 있는 지역의 크기를 말한다.

19 위성통신의 특징에 대한 설명으로 옳지 않은 것은?

① 높은 주파수대에 이용이 가능하다.

② 주파수 할당이 어렵다.

③ 서비스 지역이 넓다.

④ 통신거리에 거의 상관이 없다.

> **Point** 위성통신의 특징
> ㉠ 장점
> • 지리적 장애를 극복할 수 있다.
> • 다원 접속성이다.
> • 통신망 설정이 신속하다.
> ㉡ 단점
> • 소용량 필요시 초기 투자비가 크다.
> • 위성의 수명은 단기성이다.

≫ ANSWER

19.②

20 정합필터(matched filter)에 대한 설명으로 옳은 것은?

① 이진신호 검출에서 상관기(correlator)는 정합필터와 같은 기능을 수행할 수 있다.

② 다중 경로로 수신된 신호에서 신호 대 잡음비(signal-to-noise ratio)를 최적화하기 위한 장치이다.

③ 노치(Notch) 필터는 정합필터의 하나이다.

④ 전송되는 디지털 신호 종류의 개수가 많을 때 수신기 구조를 간단하게 한다.

> **Point** 디지털 통신시스템은 수신기에서 신호를 검출하기 위해서 상관기를 사용하며 일명 코릴레이터(Correlator)를 사용한다. 수신기의 정합필터(Matched Filter)를 이용해서 신호의 한 주기(T)에서 최대 출력 신호를 얻게 된다. 이 정합필터가 표본을 추출하는 주기(T)에서의 출력과 상관기의 출력은 서로 같다. 실제적으로 정합필터를 실현한 것이 바로 상관기이나.
> 상관은 서로 관련이 있는 신호를 찾아내는 것이다. 상관함수는 자기 자신의 지연된 신호와 자기 자신과의 상관을 찾는 자기 상관함수가 있고, 자기 자신과 다른 신호와의 상관을 찾는 상호상관함수가 있다.

>> ANSWER

20.①

1 다음 신호 중 비주기적(nonperiodic) 신호에 해당하는 것은?

① $\frac{1}{2}\cos(2t)$ 　　　　　　② $\sin(2t^2)$

③ $\sin^2(2t)$ 　　　　　　　　④ $\sin(\sqrt{2t})$

📢 **Point** 신호의 형태

　⊙ 주기적 신호(Periodic Signal) : 일정한 주기 T마다 동일한 파형을 무한히 반복하는 시간함수

　$x(t) = x(t+nT), \ -\infty < t < \infty$

　⊙ 비주기적 신호(Aperiodic Signal) : 주기적인 신호에서 T가 존재하지 않는 신호

2 아래의 DPSK(Differential Phase Shift Keying) 변조기 블록도에서 입력 데이터 $d(t) = [010011]$에 대한 $b(t)$부호열은? (단, $b(t-T_b)$의 초기값은 0이고, $d(t)$의 왼쪽 비트부터 입력된다.)

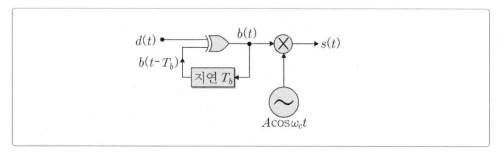

① 1 1 0 1 0 0

② 1 0 0 1 1 0

③ 0 1 0 1 1 0

④ 0 1 1 1 0 1

📢 **Point** 입력 $d[t]=[010011]$이고 출력이 피드백 되어 XOR 되므로 0(=0 XOR 0) 1(=1 XOR 0) 1(=0 XOR 1) 1(=0 XOR 1) 0(=1 XOR 1) 1(1 XOR 0)이다.

» ANSWER

1.② 2.④

3 통신시스템에서 변조의 이유와 목적으로 옳지 않은 것은?

① 신호의 간섭을 피하기 위해서이다.

② 전파의 다중경로로 인한 신호 페이딩을 제거할 수 있다.

③ 짧은 파장의 반송파 신호를 이용하여 변조함으로써 장비가 소형 경량화되는 장점이 있다.

④ 하나의 통신로에 여러 신호를 동시에 송수신할 수 있게 하기 위해서이다.

> **(Point)** 변조를 하는 이유와 목적
> ㉠ 송수신용 안테나의 길이를 짧게 할 수 있다.
> ㉡ 주파수 분할 다중화통신을 하여 여러 신호를 동시에 송수신 할 수 있다.
> ㉢ 반송파에 실어서 전송함으로 장거리 통신을 할 수 있으며 잡음과 노이즈를 제거할 수 있다.
> ㉣ 회로 소자를 단순화 할 수 있다
> ㉤ 시스템을 소형화 할 수 있다.

4 CDMA(code division multiple access) 방식의 이동통신에 대한 설명으로 옳지 않은 것은?

① 채널 구분은 직교 부호와 의사잡음 부호의 적용을 통해 이루어진다.

② 기지국과 단말기 간의 거리와 전파환경 특성에 따른 전력제어가 필요하다.

③ 여러 사용자가 데이터를 전송하는 시간슬롯을 다르게 한다.

④ 인접 기지국의 사용자 부하가 적을수록 용량이 증가한다.

> **(Point)** CDMA는 각각의 사용자들이 서로 다른 코드를 사용하여 통신을 한다. 그러므로 같은 주파수대역이나 같은 시간대에 데이터를 전송할 수 있다.

5 슈퍼 헤테로다인 수신기에 대한 특징으로 옳지 않은 것은?

① S/N비가 우수하다.

② 시스템이 복잡하며, 특유의 잡음을 가진다.

③ 고주파 증폭을 크게 하여 검파 파형의 왜곡을 감소시킨다.

④ 낮은 주파수를 높은 주파수로 바꾸어 주어 선택도를 향상시킨다.

📢 **Point** 슈퍼 헤테로다인 수신기의 장·단점
　　㉠ 장점
　　　• S/N비가 우수하다.
　　　• 높은 감도를 가진다.
　　　• 선택도가 좋다.
　　　• 충실도가 좋다.
　　　• 중간 주파수로 변환 증폭하므로 감도와 선택도가 좋다.
　　㉡ 단점
　　　• 시스템 구성이 복잡하다.
　　　• 영상 신호가 발생한다.
　　　• 시스템 특유의 잡음이 발생한다.

6 수신된 FM 신호파형이 다음과 같은 경우 신호파의 대역폭으로 옳은 것은?

$$r(t) = 3\cos\left[2\pi \times 10^{6t} + 200\sin\left(2\pi \times 500t\right)\right]$$

① 100kHz

② 200kHz

③ 300kHz

④ 400kHz

📢 **Point** 수신파형의 순시 주파수를 f_i 라 할 때

$$f_i = 10^6 \frac{d}{dt} \frac{\left[\sin\left(2\pi \times 500t\right)\right]}{2\pi}$$

$$= 10^6 + 10^5\cos\left(2\pi \times 500t\right)$$

대역폭 $(B) = 2(f_s + \Delta f)$ 이므로 $f_s = 500\text{Hz}$, $\Delta f = 10^5$을 대입하면

$B = 2(500 + 10^5) ≒ 200\text{kHz}$

≫ ANSWER

5.④　6.②

7 진폭 변조와 비교한 주파수 변조의 특징으로 옳지 않은 것은?

① 초단파 대역의 통신에 적합하다.

② S/N비가 좋다.

③ 에코 현상이 크다.

④ 주파수 대역폭이 넓다.

(Point) 주파수 변조의 특징

ⓐ 진폭 변조 통신 방식에 비해 넓은 주파수 대역을 필요로 한다.

ⓑ 레벨 변동의 영향이 적다.

ⓒ 페이딩의 영향을 거의 받지 않기 때문에 진폭 변조 통신 방식보다 선택도(Q)가 우수하다.

ⓓ 혼신방해를 적게 할 수 있다.

ⓔ 송신기의 효율을 높일 수 있으며, 주파수 일그러짐이 적다.

ⓕ S/N비가 우수하다.

8 PCM의 송수신 과정으로 옳은 것은?

① 표본화 – 압축 – 양자화 – 부호화 – 복호화

② 표본화 – 양자화 – 압축 – 부호화 – 복호화

③ 표본화 – 압축 – 부호화 – 양자화 – 복호화

④ 표본화 – 압축 – 양자화 – 복호화 – 부호화

(Point) PCM 변조 과정 … 표본화 – 압축 – 양자화 – 부호화 – 복호화 – 신장 – 분리

9 전송하는 신호의 상한 주파수를 f_m 라고 할 때 표본화 주기 T_s 의 조건으로 옳은 것은?

① $T_s < \dfrac{1}{f_m}$

② $T_s \leq \dfrac{1}{2f_m}$

③ $T_s \geq \dfrac{1}{2f_m}$

④ $T_s = \dfrac{1}{f_m}$

📢(Point) 나이퀴스트(Nyquist) 간격 $T_s = \dfrac{1}{f_m}$ 이며, 전송하려는 표본화 주기(T_s)는 $\dfrac{1}{2f_m}$ 보다 작거나 같아야

하므로 $T_s \leq \dfrac{1}{2f_m}$ 이 된다.

※ C. E. Shannon의 표본화 정리 ··· 신호 $f(t)$ 가 $f_m[\text{Hz}]$ 이하의 주파수 성분만 갖도록 대역 제한

이 되어 있다면, $f_s \geq 2f_m[\text{Hz}]$ 의 속도(또는 $T_s \leq \dfrac{1}{2}f_m[\text{sec}]$ 의 간격)로 표본값만을 전송하여도

수신측에서는 이 표본치만 갖고 원래 아날로그 신호 $f(t)$ 를 정확하게 복원할 수 있다.

10 동축 케이블을 통하여 기저대역에서 심볼간 간섭 없이 이진 형태의 정보를 1초에 1×10^6
개를 보내고자 한다. 이 경우 동축 케이블에 요구되는 이론적인 최소 대역폭[MHz]은?

① 0.25

② 0.5

③ 1.0

④ 1.5

📢(Point) Nyquist 공식에 의거하여

$C = 2B\log_2 M = 2nB = 2nB$

$B = \dfrac{C}{2n} = \dfrac{1 \times 10^6}{2} = 0.0000005 = 0.5\text{MHz}$

≫ ANSWER

9.② 10.②

11 OFDMA(orthogonal frequency division multiple access)에 대한 설명으로 옳은 것은?

① CDMA와 TDMA 방식을 결합한 것이다.

② 전송신호에 특정 부호를 곱하여 스펙트럼을 확산시킨다.

③ 주어진 통신 대역을 작은 부반송파 대역으로 나누어 사용자에게 할당한다.

④ BASK 변조방식과 결합될 때 최적 수신 성능을 나타낸다.

> (Point) FDMA는 사용가능한 주파수 대역을 나눈 다음 각 사용자마다 서로 다른 주파수 대역을 사용하여 다
> 중접속을 하는 방식이다. 각 사용자가 서로 직교관계에 있는 부반송파를 사용한 FDMA를 OFDMA라
> 한다.

12 OSI − 7 Layer의 제 1 계층을 뜻하는 표현으로 옳은 것은?

① 물리 계층

② 데이터 링크 계층

③ 네트워크 계층

④ 전송 계층

> (Point) 물리 계층(Physical layer) ⋯ OSI(개방형 시스템간 상호 접속) 통신 프로토콜의 7계층 중 제1층에
> 위치하는 계층으로 통신매체에 대한 전기적, 기계적인 인터페이스를 다루며, 접속통신 및 접속해제
> 를 위한 과정을 포함한 데이터를 통신매체와 조화할 수 있는 신호로 바꾼다.

13 비동기 전송 방식의 설명으로 옳지 않은 것은?

① Clock이 서로 독립적으로 운용된다.

② Start bit와 Stop bit를 사용한다.

③ 데이터 내에 동기 신호를 포함하여 전송하는 방식이다.

④ 송신측과 수신측이 항상 동기 상태일 때 사용한다.

> **(Point)** 비동기식 전송 방식의 특징
> ㉠ Start bit, Stop bit를 사용한다.
> ㉡ 전송 효율이 낮아 단거리 전송에 사용한다.
> ㉢ 데이터 내 동기 신호를 포함한다.
> ㉣ 데이터의 길이
> • 전체 : 10 ~ 12bits
> • Start bit : 1bit
> • Data bit : 7 ~ 8bits
> • Parity bit : 1bit
> • Stop bit : 1 ~ 2bit

14 TDMA(시간분할다중접속) 시스템에서 전송 데이터를 사용자별로 구별하기 위해 사용하는 것은?

① 주파수

② 부호

③ IP 주소

④ 시간슬롯

> **(Point)** TDMA에서는 다중화의 기본 단위로 시간슬롯을 사용한다.

» ANSWER

13.④ 14.④

15 해밍코드(Hamming code)는 전송 중 발생한 에러(error)의 비트 위치를 알아내기 위해서 패리티(parity) 비트를 추가하는 수단이다. 다음은 우수 패리티를 가진 해밍코드를 적용해서 생성시킨 데이터 비트열이 전송 중 특정 비트 위치에서 에러가 발생하여 수신된 데이터 비트 열이다. 에러가 발생한 비트 위치로 옳은 것은? (단, P=패리티 비트, D=데이터 비트)

수신된 데이터 비트열 → $P_1 P_2 D_3 P_4 D_5 D_6 D_7$ ="0101101"

---

① P_1

② P_4

③ D_5

④ D_7

🔊 (Point) $P_4 = 1 \oplus 0 \oplus 1 = 0$

16 푸리에 변환(Fourier transform)의 성질에 대한 설명으로 옳은 것은?

① 시간영역에서 신호의 시간 천이는 주파수영역에서 선형 위상 천이로 나타난다.

② 모든 복소수 신호의 스펙트럼은 대칭으로 나타난다.

③ 시간영역에서 신호에 실수 지수함수를 곱하면 주파수 영역에서 주파수 천이된 스펙트럼으로 나타난다.

④ 시간영역에서 펄스신호의 펄스폭 감소는 주파수 영역에서 저주파 성분을 강화한다.

🔊 (Point) 시간영역의 신호 $f(t-t_o)$를 푸리에 변환을 하면 $F(f)_e{}^{-j2\pi f t_o}$

시간영역의 시간 천이는 주파수 영역에서 스펙트럼의 위상이 e^{-t_o}만큼 늦어지는 선형 위상 천이로 나타난다.

≫ **ANSWER**

15.② 16.①

17 가장 높은 주파수가 3kHz인 기저대역 신호를 나이퀴스트(Nyquist)의 최소 표본화율로 표본화하여 1,024개 레벨로 양자화 한다면 발생되는 데이터의 비트율[kbps]은?

① 24

② 30

③ 60

④ 80

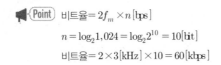 비트율 $= 2f_m \times n\,[\text{bps}]$

$n = \log_2 1,024 = \log_2 2^{10} = 10\,[\text{bit}]$

비트율 $= 2 \times 3[\text{kHz}] \times 10 = 60\,[\text{kbps}]$

18 가입한 이동전화 서비스 대상 이외의 지역으로 여행 시 여행 중 해당 지역 시스템을 통하여 서비스를 받을 수 있는 상황을 나타내는 용어로 옳은 것은?

① 접속

② 교환

③ 로밍

④ 주파수 재배치

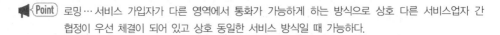 로밍 … 서비스 가입자가 다른 영역에서 통화가 가능하게 하는 방식으로 상호 다른 서비스업자 간 협정이 우선 체결이 되어 있고 상호 동일한 서비스 방식일 때 가능하다.

>> ANSWER

17.③ 18.③

19 300~3,400[Hz] 대역의 음성 신호를 디지털 신호로 전송하기 위해서 필요한 표본화 시간 간격으로 적합한 것은?

① $\dfrac{1}{300}$[sec]

② $\dfrac{1}{1,700}$[sec]

③ $\dfrac{1}{3,400}$[sec]

④ $\dfrac{1}{8,000}$[sec]

Point 나이키스트의 표본화 주기보다 작아야 하므로 $\dfrac{1}{6,800}$[sec]보다 작아야 한다.

20 국제표준기구(ISO)에서 규정하는 OSI 참조모델의 계층 수로 옳은 것은?

① 5

② 6

③ 7

④ 8

Point OSI 7 Layer … 국제표준화기구(ISO)에서 제정한 네트워크 프로그래밍 국제표준안으로 물리 계층, 데이터 링크 계층, 네트워크 계층, 전송 계층, 세션 계층, 표현 계층, 응용 계층, 총 7개의 계층으로 구성되어 있다.

1   다음 중 에너지 신호로 옳은 것은?

① 임펄스 함수

② 가우시안 펄스

③ 계단 함수

④ 정현파 신호

 Point   Energy Singal … 신호 $x(t)$가 $t \in (-\infty, \ \infty)$ 동안 신호의 총에너지는 $E = \lim\limits_{L \to \infty} \int_{-L}^{L} |x(t)|^2 dt$

이며 극한값이 존재하고 그 값이 $0 < E < \infty$이면 $x(t)$는 에너지 신호가 된다.

㉠ $0 < E < \infty$: 에너지 신호

㉡ $0 < P < \infty$: 전력 신호

2   다음 중 정현 대칭 푸리에 급수식에 나타나는 성분으로 옳은 것은?

① cos 성분만 존재한다.

② 직류 성분과 sin 성분이 존재한다.

③ 직류 성분만 존재한다.

④ cos, sin 성분이 모두 존재한다.

Point   정현 대칭 함수에 대한 푸리에 급수의 성분은 $a_0 = 0$, $a_n = 0$이며 b_n 성분만 나타나므로 직류 성분과

sin 성분이 존재한다.

※ 대칭성의 효과

㉠ 우대칭(even symmetry) : $a_0 \neq 0$, $a_n \neq 0$, $b_n = 0$인 경우 푸리에 급수는 cos 성분만 존재한다.

㉡ 기대칭(odd symmetry) : $a_0 = 0$, $a_n = 0$, $b_n \neq 0$인 경우 푸리에 급수는 sin 성분만 존재한다.

>> ANSWER

1.②   2.②

3 다음 중 선형 시불변 시스템의 성질에 해당하지 않는 것은?

① 교환성

② 결합성

③ 인과성

④ 가역성

📢(Point) ④ 시스템의 기본적 성질에 해당한다.

※ 선형 시불변 시스템의 성질 … 교환성, 분배성, 결합성, 인과성, 안정성

4 진폭 변조에 대한 설명으로 옳지 않은 것은?

① 신호파의 파장에 비례하여 반송파의 진폭을 변화시킨다.

② 전송될 신호에 반송파 신호를 곱하여 진폭 변조된 신호이다.

③ 양측파대 전송과 단측파대 전송이 있다.

④ 회로가 간단하고 비용이 적게 든다.

📢(Point) 진폭 변조(AM) … 신호파의 크기에 비례하여 반송파의 진폭을 변화시킴으로서 정보가 반송파에 합성되는 방식을 말한다.

※ AM의 특징

㉠ 송신기와 수신기로 구성되어 있다.

㉡ 양측파대와 단측파대 전송 방식이 있다.

㉢ 회로가 간단하고 비용이 적게 든다.

㉣ 전력 효율이 안 좋고 잡음에 약하다.

5 위상 천이 방식을 이용하여 SSB 신호를 얻기 위한 회로의 구성요소로 옳지 않은 것은?

① 진폭 변조기

② 이중 평형 변조기

③ 링 변조기

④ 평형 변조기

> **Point** 위상 천이(phase shift) 방식을 이용한 SSB파 발생 회로는 필터를 사용하지 않고 왜곡 없이 SSB파를 발생하는 회로이다.
>
> ※ SSB(단측파대 변조)
>
> ㉠ 반송파 없는 신호를 발생시킨 다음 한쪽 측파대만을 전송하여 대역폭을 줄이는 변조 방식이다.
>
> ㉡ SSB파 발생기의 구조

6 다음 중 CDMA 방식의 특징에 대한 설명으로 옳지 않은 것은?

① 대용량이며 추가적으로 사용자를 더하는 것이 용이하다.

② 모든 사용자가 동일한 코드를 사용하므로 효율적이다.

③ 잡음이나 간섭 등에 강하다.

④ 수신측에서 PN코드 추적 실현을 위한 하드웨어가 다소 복잡하다.

> **Point** CDMA에서는 모든 사용자가 직교하는 각각 다른 코드를 사용해야 한다.

>> ANSWER

5.① 6.②

7 10[V]의 입력전압이 1[μV]로 출력되었을 때 감쇠정도는 몇 [dB]인가?

① 1[dB]

② 10[dB]

③ −70[dB]

④ −140[dB]

> **Point** $20\log\dfrac{1\times10^{-6}}{10}=-140[dB]$

8 다음 중 디지털 변조가 아닌 것은?

① ASK

② FSK

③ FM

④ PSK

> **Point** 디지털 변조의 종류
> ㉠ ASK(진폭 편이 변조) : 디지털 신호의 정보에 따라 반송파의 진폭을 변화시키는 방식
> ㉡ FSK(주파수 편이 변조) : 디지털 신호의 정보에 따라 반송파의 주파수를 변화시키는 방식
> ㉢ PSK(위상 편이 변조) : 디지털 신호의 정보에 따라 반송파의 위상을 변화시키는 방식
> ㉣ QAM(직교 진폭 변조) : 디지털 신호의 정보에 따라 반송파의 진폭과 위상을 동시에 변화시키는 방식

9 음성을 디지털 부호화하는 데 이용되는 기술로 옳은 것은?

① 진폭 부호화 방식

② 변환 부호화 방식

③ 파형 부호화 방식

④ 압축 부호화 방식

> **(Point)** 부호화 방식의 종류
> ㉠ 파형 부호화 방식 : 음성 신호를 표본화, 양자화, 부호화하여 전송하는 디지털 부호화 기술
> ㉡ 보코딩 방식 : 음성의 특징을 추출하여 전송하고 재생하는 디지털 부호화 기술
> ㉢ 혼합 부호화 방식 : 파형 부호화 방식과 음원 부호화 방식을 혼합한 방식

10 임의의 신호 $x(t)$의 주파수와 진폭을 그대로 두고 위상만을 90° 변화시키기 위한 변환은?

① 라플라스(Laplace) 변환

② 힐버트(Hilbert) 변환

③ 이산푸리에(Discrete Fourier) 변환

④ 고속푸리에(Fast Fourier) 변환

> **(Point)** 힐버트 변환은 신호의 위상을 −90도 만큼 지연시키는 선형 변환이다.

» ANSWER

9.③ 10.②

11 다음 중 신호 전송에 있어서 외부의 방해 작용에 가장 적은 영향을 받는 변조 방식으로 옳은 것은?

① PWM

② PCM

③ FDM

④ PAM

> **(Point)** PCM 방식의 장 · 단점
> ㉠ 장점
> • 전송구간 잡음이 누적되지 않는다.
> • 기존 케이블의 이용이 가능하다.
> • 장거리 전송으로 고품질의 통신이 가능하다.
> • 잡음 및 누화에 강하다.
> • 전송로의 손실 및 변동 영향이 없다.
> ㉡ 단점
> • 점유 주파수 대역폭이 넓다.
> • 특유의 잡음이 존재한다.
> • 기기의 구성이 복잡하다.
> • 주파수 이득을 저하시킬 우려가 있다.

12 부울함수 $xy + x'z + yz$를 간략화 한 것으로 옳은 것은?

① $xy + yz$

② $x'z + yz$

③ $xy + x'z$

④ x

> **(Point)** $xy + x'z + yz = xy + x'z + yz(x + x')$
> $$= xy + x'z + xyz + x'yz$$
> $$= xy(1 + z) + x'z(1 + y) = xy + x'z$$

» ANSWER

11.② 12.③

13 FM 신호가 다음과 같을 때 설명이 옳은 것은?

$$x(t) = 100\cos\left[10^6\pi t + 8\sin\left(10^3\pi t\right)\right][\text{V}]$$

① Carson 법칙을 이용한 주파수대역은 9[kHz]이다.
② 변조지수 $m = 16$이다.
③ 최대 주파수편이 $\triangle f = 8$[kHz]이다.
④ FM 신호의 평균전력은 25[W]이다.

🔊 **Point** 카슨의 규칙 $\omega_{\text{FM}} \cong 2(\beta+1)\omega_m = 2(\Delta\omega + \omega_m) = 2(8,000\pi + 1,000\pi) = 2 \times 9,000\pi$
이므로 주파수는 9,000[Hz]이다.

14 $x(t)$의 푸리에(Fourier) 변환을 $X(f)$라 할 때 변환 쌍(duality) 중 옳은 것은?

① $x(at) \leftrightarrow X\left(\dfrac{f}{a}\right)$

② $x(t)\cos\left(\pi f_o t\right) \leftrightarrow \dfrac{1}{2}X(f - \dfrac{f_o}{2}) + \dfrac{1}{2}X(f + \dfrac{f_o}{2})$

③ $A \leftrightarrow AX(f)$

④ $x(t)e^{i2\pi fot} \leftrightarrow X(f + f_o)$

🔊 **Point** $x(at) \Leftrightarrow 1/|a|X(\omega/a)$, $Ax(t) \leftrightarrow AX(f)$, $x(t)e^{j2\pi f_o t} \leftrightarrow X(f - f_0)$

» ANSWER
13.① 14.②

15 무선통신에서 사용하는 신호의 품질 평가의 척도는?

① 신호 대 전력비

② 정보 전송용량

③ 데이터 전송 속도

④ 신호 대 잡음비

📢(Point) 무선통신에서 신호의 품질을 평가하는 척도는 신호 대 잡음비(S/N)이다.

16 디지털 전용회선에 대한 설명으로 옳지 않은 것은?

① 디지털 데이터의 비트 속도에 따라 임대하여 사용하는 전용회선이다.

② 50 ~ 300bps 이하의 저속도 회선은 포함되지 않는다.

③ 2,400 ~ 9,600bps의 중속도 회선을 포함한다.

④ 56, 64Kbps급 고속 회선도 포함한다.

📢(Point) 디지털 전용회선

㉠ 개념 : 디지털 데이터의 비트 속도에 따라 임대하는 전용회선을 말한다.

㉡ 분류
  • 저속도 회선 : 50 ~ 300bps
  • 중속도 회선 : 2,400 ~ 9,600bps
  • 고속도 회선 : 54, 64Kbps

㉢ 용도 : 기업체에서 사설 구내 교환기와 다중화기 등과 결합하여 음성, Fax, 데이터통신, 영상회의 등 정보전송이 가능한 자사전용 통신망 구성에 사용된다.

17 이동통신 시스템의 구성요소로 옳지 않은 것은?

① 이동국

② 기지국

③ 교환국

④ 중계국

> (Point) 이동통신 시스템의 구성요소
> ㉠ 이동국(MS ; Mobile Station)
> ㉡ 기지국(BTS ; Basestaion Transceiver Subsystem)
> ㉢ 교환국(MSC ; Mobile Switching Center)

18 휴대인터넷 서비스의 커버리지 중 pico cell에 해당하는 반경은?

① 100M

② 200M

③ 300M

④ 400M

> (Point) 휴대인터넷의 서비스 커버리지
> ㉠ Umbrella Cell : 반경 100km, 위성통신
> ㉡ Hyper Cell : 반경 20km, 도시외곽 지역
> ㉢ Macro Cell : 반경 1 ~ 20km, 고속도로 주변
> ㉣ Micro Cell : 반경 50 ~ 300m, 도심지역
> ㉤ Pico Cell : 반경 100m 이내, 건물 내

≫ ANSWER

17.④ 18.①

19 네트워크 통신 장치인 리피터(repeater)에 대한 설명으로 옳은 것은?

① 디지털 전송에서는 리피터를 거치면서 잡음이 누적 증폭되는 효과가 발생할 수 있다.

② 전송로의 감쇄와 잡음으로 손상된 원래 데이터를 재생하여 수신측으로 전송하는 장치이다.

③ 네트워크 회선에서 지나가는 신호를 감시하는 근거리 통신망 장치이다.

④ 패킷 데이터의 경로를 효과적으로 결정하기 위한 기능을 가져야 한다.

> **Point** 디지털 방식의 통신선로에서 신호를 전송할 때, 전송하는 거리가 멀어지면 신호가 감쇠하는 성질이 있다. 이 때 감쇠된 전송신호를 새롭게 재생하여 다시 전달하는 재생중계장치를 리피터라고 한다. 종류는 비트 리피터(Bit Repeater)와 축적형 리피터(Buffered Repeater)가 있다.

20 스펙트럼 확산 기술을 이용하고 정보 신호가 필요로 하는 대역폭보다 충분히 넓은 대역폭을 사용하여 전송하는 방식은?

① CDMA

② TDMA

③ FDMA

④ SDMA

> **Point** CDMA … 스펙트럼 확산 기술을 이용한 전송 방식으로 FDMA와 TDMA의 혼합형태이다. 동일한 시간과 주파수에 수직인 관계에 위치한 코드를 부여하여 많은 가입자를 수용하는 형태이다.

1 대륙 간 통신 및 원거리 선박통신을 위하여 사용되는 주파수 대역 HF(단파)의 주파수 범위에 해당하는 것은?

① 3[kHz]~30[kHz]

② 300[kHz]~3[MHz]

③ 3[MHz]~30[MHz]

④ 300[MHz]~3[GHz]

📢 Point 단파의 주파수대역은 3~30[MHz]이다.

2 입력 전력이 4mW인 신호가 전력 손실이 각각 4dB, 5dB, 7dB인 3개의 소자를 순서대로 통과한 후의 출력 전력[dBm]은? (단, 10log2 = 3dB이다)

① − 10

② − 12

③ 22

④ 20

📢 Point $4mW = 10\log\dfrac{4mW}{1mW} = 10\log 2^3 = 20\log 2 = 2 \times 10\log 2 = 6\text{dBm}$

전력 손실 4, 5, 7dB 소자를 통과하면

6dBm−4dB−5dB−7dB = −10[dBm]

» ANSWER

1.③ 2.①

3 다음 시간영역에서의 신호 중 가장 넓은 주파수 대역을 갖는 신호는?

① 임펄스

② 사인파

③ 코사인파

④ 직류

📢 (Point) 시간영역에서의 임펄스 함수는 주파수 영역에서 상수로 나타나므로 대역폭이 무한대이다.
사인파는 주파수영역에서 임펄스 형태로, 직류는 주파수가 0이다.

4 다음과 같이 정현적으로 변조된 진폭 변조(DSB−LC) 파형에서 측파대의 평균 전력 대 반송파의 평균 전력의 비는?

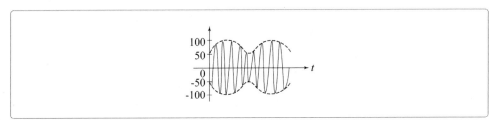

① $\dfrac{1}{2}$

② $\dfrac{1}{3}$

③ $\dfrac{1}{9}$

④ $\dfrac{1}{18}$

📢 (Point) AM파의 변조도$(m) = \dfrac{\text{최대 진폭} - \text{최소 진폭}}{\text{최대 진폭} + \text{최소 진폭}} = \dfrac{200 - 100}{200 + 100} = \dfrac{1}{3}$

전력비$= \dfrac{\text{측파대 전력}}{\text{반송파 전력}} = \dfrac{\dfrac{m^2}{2} P_c}{P_c} = \dfrac{m^2}{2} = \dfrac{\dfrac{1}{9}}{2} = \dfrac{1}{18}$

≫ ANSWER

3.① 4.④

5 그림과 같이 주기가 T인 펄스 신호에서 직류(DC) 성분의 크기는?

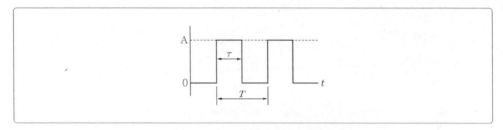

① A

② $\dfrac{A}{T}$

③ $\dfrac{A\tau}{T}$

④ $A\tau T$

🔊(Point) 듀티율은 $\dfrac{\tau}{T}$이므로 직류성분은 $A\dfrac{\tau}{T}$이다.

6 필터(filter)법에 의한 SSB 발생기의 구성 회로에서 다단 변조를 행하는 이유로 옳은 것은?

① 저주파가 발생하기 때문이다.
② 필터의 차단특성이 예민하지 못하기 때문이다.
③ 출력 전력이 증대되기 때문이다.
④ 고조파가 발생하기 때문이다.

🔊(Point) 필터법에 의한 SSB 송신기의 특징
ⓐ 링 변조기와 필터(BPF)를 사용하여 측파대만을 발생시킨다.
ⓑ 측파대 구분을 쉽게 하기 위해서(필터의 차단특성) 다단 변조를 행한다.

7 FM 검파 회로인 PLL(Phase-Locked Loop)에 대한 설명으로 옳은 것은?

① 검파 대역을 용이하게 조정할 수 없다.

② 조정이 용이하며 부품의 수가 적다.

③ FM 송신기의 국부 발진 회로로 사용된다.

④ 2동조형 검파기에 비해 왜곡이 크다.

Point PLL(Phase-Locked Loop) … 입력 신호와 출력 신호의 위상차를 검출하여 비례한 전압에 의해 출력 신호 발생기의 위상을 제어하며 출력 신호의 위상과 입력 신호의 위상을 같게 하는 회로이다.

※ PLL(Phase-Locked Loop) 특성
ㄱ 2동조형 검파기에 비해 왜곡이 적다.
ㄴ 조정이 용이하며 부품의 수가 적다.
ㄷ 쉽게 검파 대역의 조정이 가능하다.
ㄹ AM 송신기의 국부 발진 회로로 사용된다.

8 256-QAM 방식은 동시에 몇 비트를 전송가능한가?

① 8[bits]

② 64[bits]

③ 128[bits]

④ 256[bits]

Point 256가지의 정보를 하나에 전송할 수 있으므로 8비트($2^8 = 256$)를 하나의 신호 심볼로써 전송 가능하다.

9 아래 그림은 셀룰러 이동 통신 시스템에서 셀을 표현하는 육각형의 격자시스템이다. 회색의 셀들이 동일채널이라고 할 때 클러스터(cluster)당 주파수 재사용 셀의 개수는?

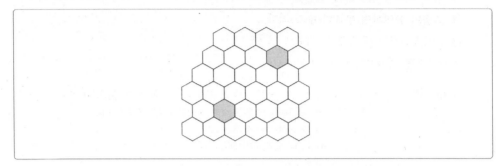

① 7

② 9

③ 11

④ 13

> (Point) 육각형 구조로서 셀을 구분할 수 있으므로 클러스터당 13개의 셀이 존재하므로 주파수 재사용 셀의 개수는 13개라 할 수 있다.

10 PCM 통신 방식에서 사용되는 부호화 방법에 대한 설명으로 옳은 것은?

① 표본화된 펄스를 진폭의 크기에 따라 몇 개의 단위 펄스의 0과 1의 조합으로 표현하는 과정을 의미한다.

② 표본화된 PAM 진폭을 가장 가까운 이산적인 양자화 레벨(2^n)에 근사화시키는 과정이다.

③ 양자화된 파형의 위치 및 폭을 일정한 크기의 진폭을 갖는 연속, 불연속 신호로 표현하는 방법을 말한다.

④ 표본화된 펄스의 일정한 주기로 나타나는 진폭의 폭을 변화시키는 과정을 말한다.

> (Point) 부호화
> ㉠ 표본화된 펄스를 진폭의 크기에 따라 몇 개의 단위 펄스의 0과 1의 조합으로 표현하는 과정이다.
> ㉡ 펄스의 유무로 표현하는 방법과 펄스의 극성으로 표현하는 방법으로 구분할 수 있다.
> ㉢ 입력 신호에 2배가 되는 주파수로는 CMI, DMI, PM이 있다.

» ANSWER
9.④ 10.①

11 다음 중 시분할 방식에 대한 특징으로 옳지 않은 것은?

① 통화로마다 차지하는 주파수 대역폭이 좁다.

② 각 채널 사이에 보호시간이 존재하며 잡음에 대한 누화가 적다.

③ 통화로 구성 단가가 저렴하다.

④ FM에서 문제되는 지연 왜곡이 별로 문제되지 않는다.

> (Point) 시분할(TDM) 방식
> ㉠ 한 전송로를 일정 시간의 폭으로 나누어 사용한다.
> ㉡ 비트 삽입식과 문자 삽입식 두 종류로 구분된다.
> ㉢ Point To Point 방식에서 주로 사용된다.
> ㉣ 주파수분할 방식에서 문제되는 지연 왜곡이 문제되지 않는다.
> ㉤ 누화가 적으며 통화로 구성 단가가 저렴하다.

12 우리나라 이동전화 시스템인 CDMA 방식의 의미로 옳은 것은?

① 콤팩트 디스크 다중 접속 방식

② 채널 분할 다중화 방식

③ 주파수 변·복조 방식

④ 코드 분할 다중 접속 방식

> (Point) CDMA(코드 분할 다중 접속 방식) … 미국에서 개발한 확산대역기술을 이용한 디지털 이동통신 방식으로 사용자가 시간과 주파수를 공유하며 신호를 송·수신하기 때문에 아날로그 방식보다 용량이 10배나 크고 통화품질도 우수하다.

13 사용자가 쉽게 사용할 수 있도록 만든 주소로서 고유 IP 주소를 가지는 것을 의미하는 표현으로 옳은 것은?

① DMB

② DTR

③ DNS

④ DVD

> **Point** DNS(Domain Name System / Domain Name Server) … Domain Name을 IP 주소로 변환시키거나 또는 그 반대 작업을 처리하는 시스템을 의미한다.

14 통신 신호의 기능적 분류로 볼 수 없는 것은?

① 감시 신호

② 주기 신호

③ 선택 신호

④ 톤 신호

> **Point** ① 교환기 등의 접속 상태를 표시하는 신호이다.
> ③ 전자 교환에서 교환국 및 전화기를 선택하는 데 필요한 신호로 다이얼 펄스 또는 다주파 신호가 사용된다.
> ④ 음성 주파수대의 가청 주파수 신호, 즉 단일 주파수 성분을 갖는 베이스 밴드 신호를 말한다.
> ※ 통신 신호의 기능 분류 … 감시, 선택, 톤 신호

15 VoIP(Voice over IP)의 기능에 대한 설명으로 옳지 않은 것은?

① 공중 교환 전화망인 PSTN처럼 회선을 근거로 사용하는 프로토콜이다.

② 패킷 내의 디지털 형태로 음성 정보를 송신한다.

③ IP 네트워크를 활용하여 전화 서비스를 통합 구현하고 있다.

④ 시내 전화요금으로 인터넷 및 인트라넷 환경에서 시외 및 국제전화 서비스를 받을 수 있다.

> **(Point)** VoIP … IP를 사용하여 음성 정보를 전달하는 것으로 PSTN을 근거로 사용하는 방식이 아닌 불연속적인 패킷들 내에 신호를 디지털 형태로 보내는 것을 의미한다.

16 동기식 전송 방식의 특징에 대한 설명으로 옳지 않은 것은?

① 중·고속 데이터 전송에 사용된다.

② 송신 및 수신측에 buffer가 설치되어 있다.

③ 전송 성능이 매우 우수하다.

④ 문자와 문자 사이에 일정치 않은 휴지 공간이 존재한다.

> **(Point)** 동기식 전송 방식
> ㉠ 정의 : 문자들을 포함하는 데이터 블록 단위로 전송하는 방식이다.
> ㉡ 특징
> • 통신선로 종단 사이에 설치된 기기에 의해 타이밍이 공급된다.
> • 동기문자 및 플래그를 사용하며 송·수신측 사이의 데이터 블록을 수신해야 한다.
> • 송·수신 터미널에는 buffer를 설치해야 한다.
> • 2,000bps 이상의 속도를 가지고 있다.
> • 문자 지향형과 비트 지향형으로 구분할 수 있다.

>> **ANSWER**

15.① 16.④

17 이동통신에서 한 지역에서 다른 지역으로 이동 시 통화가 단절되지 않도록 하는 방식을 의미하는 것으로 옳은 것은?

① Hand off

② 페이딩

③ 위치 추적

④ 고유번호 확인

> (Point) Hand off … 통화중 상태인 이동 단말기가 해당 기지국의 서비스 지역을 벗어나 인접 기지국의 서비스 지역으로 이동할 때 단말기가 인접 기지국의 새로운 통화 채널에 자동 동조되어 지속적으로 통화 상태가 유지되는 기능을 말한다.

18 우리나라에서 현재 사용이 증가하고 있는 이동통신 주파수 대역으로 옳은 것은?

① LF

② MF

③ VHF

④ UHF

> (Point) 이동통신의 주파수 대역
> ㉠ 아날로그 및 셀룰러 : 800MHz
> ㉡ PCS : 1.7 ～ 1.8GHz
> ㉢ IMT-2000 : 1.8 ～ 2.2GHz
> ※ 주파수 대역에 따른 명칭
> ㉠ 초장파(VLF ; Very Low Frequency) : 3 ～ 30kHz
> ㉡ 장파(LF ; Low Frequency) : 30 ～ 300kHz
> ㉢ 중파(MF ; Medium Frequency) : 300kHz ～ 3MHz
> ㉣ 단파(HF ; High Frequency) : 3 ～ 30MHz
> ㉤ 초단파(VHF ; Very High Frequency) : 30 ～ 300MHz
> ㉥ 극초단파(UHF ; Ultra High Frequency) : 300MHz ～ 3GHz
> ㉦ 마이크로파(SHF ; Super High Frequency) : 3GHz ～ 30GHz
> ㉧ 마이크로파(EHF ; Extremely High Frequency) : 30 ～ 300GHz

>> ANSWER

17.① 18.④

19 극 지방을 제외하고 지구상의 모든 지역에 통신이 가능하게 하기 위해서 정지위성을 배치하려고 할 때 필요한 위성의 최소 개수는?

① 3

② 4

③ 5

④ 6

🔊 (Point) 인공위성의 종류

　㉠ 정지 궤도 위성 : 지구 상공 36,000km에서 지구 자전속도와 같은 시속 11,000km 속도로 돌고 있는 위성으로 한 개의 위성은 지구 전 지역의 1/3을 커버할 수 있으므로 세 개의 위성만 있으면 선제의 위싱통신 시비스가 가능하다.

　㉡ 극 궤도 위성 : 북극과 남극을 기준으로 아래 위로 원 궤도를 그리며 도는 위성을 의미한다.

　㉢ 경사 궤도 위성 : 과학 위성이나 관측 위성과 같이 정지 및 극 궤도 사이를 도는 위성으로 궤도에 따른 주기 변화는 없다.

20 다음 중 주변의 사물들에 의해 다중 반사되는 전자파들이 서로 합성되어 일어나는 일종의 간섭 잡음을 의미하는 용어는?

① 부호화

② 양자화

③ 페이딩

④ 왜곡

🔊 (Point) 페이딩 현상 … 전자파들이 서로 합성되어 일어나는 일종의 간섭 잡음을 의미한다. 전자파가 공간을 이동하면서 매질의 시간적 변화에 따라 신호의 수신세력이 시시각각 변화하는 현상에 의해 일어나며, 대표적인 예로 고스트 현상을 들 수 있다.

1　Z 변환에 대한 설명 중 옳지 않은 것은?

① 이산적인 신호와 시스템을 해석하는 데 이용한다.

② 시간 영역의 e^{-at}를 Z 변환하면 $\dfrac{Z}{Z-e^{-aT}}$ 이다.

③ 시간 영역에서 함수의 특징을 해석하는데 많은 시간이 걸리거나 해석이 곤란한 경우 이를 해결하기 위해 이용한다.

④ 시간 영역의 $u(t)$를 Z 변환하면 $\dfrac{Z}{Z-1}$ 이다.

📢 (Point) ㉠ 퓨리에 변환: 시간영역에서 함수의 특징을 해석하는데 많은 시간이 걸리거나 해석이 곤란한 경우 이를 해결하기 위해 이용

㉡ Z 변환: 이산적인 신호와 시스템을 해석하는 데 이용, 퓨리에 변환을 행할 수 없는 이산함수를 Z 평면의 함수로 변환하는데 이용, 복소수 함수를 라플라스 역변환하여 시간 함수로 구한 값을 다시 Z변환

시간영역	라플라스변환	Z 변환
u(t)	$\dfrac{1}{S}$	$\dfrac{Z}{Z-1}$
t	$\dfrac{1}{S^2}$	$\dfrac{TZ}{(Z-1)^2}$
e^{-at}	$\dfrac{1}{S+a}$	$\dfrac{Z}{Z-e^{-aT}}$

» ANSWER

1.③

2 다음 중 푸리에 변환에 대한 설명으로 옳지 않은 것은?

① 비주기 함수는 푸리에 급수를 이용하여 나타낼 수 있다.

② 시간 지연된 함수를 푸리에 변환하면 위상이 변화된 함수가 된다.

③ 푸리에 변환은 대칭성을 지닌다.

④ 푸리에 변환은 선형성을 지닌다.

> **(Point)** ① 푸리에 변환은 비주기적인 신호를 해석하는 데 이용된다.
> ※ 주파수 성분을 해석하는 방법
> ㉠ 연속시간 주기 신호 : 푸리에 급수
> ㉡ 연속시간 비주기 신호 : 푸리에 변환

3 함수 $x(t)$에 대한 힐버트 변환 $\hat{x}(t)$의 설명으로 옳지 않은 것은?

① 힐버트 변환은 모든 음의 주파수에서 위상이 90°앞선다.

② 함수 $x(t)$와 힐버트 변환 $\hat{x}(t)$의 상관 함수는 동일하다.

③ 함수 $x(t)$의 전력 스펙트럼은 $\hat{x}(t)$보다 크다.

④ 함수 $x(t)$와 $\hat{x}(t)$는 서로 직교하게 된다.

> **(Point)** 힐버트 변환
> ㉠ 신호의 힐버트 변환은 모든 음의 주파수에서 위상이 90°앞서고, 양의 주파수에서는 90°지연된다.
> ㉡ 함수 $x(t)$와 $\hat{x}(t)$의 상관 함수, 에너지 및 전력 스펙트럼은 동일하다.
> ㉢ 함수 $x(t)$와 $\hat{x}(t)$는 서로 직교를 이루며 $x(t)$의 힐버트 변환은 $x(t)$에 −1을 곱한 결과와 동일하다.

≫ ANSWER

2.① 3.③

4 그림과 같은 두 사각 펄스 신호의 컨볼루션(convolution)을 구한 결과로 옳은 것은?

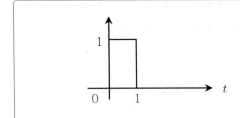 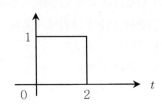

①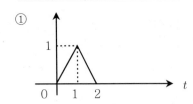

②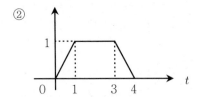

③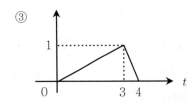

④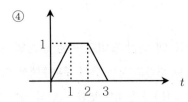

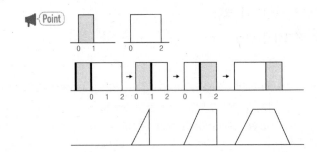

5 가산 백색 가우시안 잡음이 존재하는 채널을 통하여 정보를 전송할 때 용량은 섀넌-하틀리(Shannon-Hartley) 이론이 적용된다고 알려졌다. 이에 대한 설명으로 옳지 않은 것은?

① 전송 대역폭이 증가하면 단위 시간당 전송할 수 있는 최대 정보량도 증가한다.

② 채널 잡음이 증가하면 단위 시간당 전송할 수 있는 최대 정보량은 감소한다.

③ 신호 대 잡음비(signal-to-noise ratio)가 증가하면 단위 시간당 전송할 수 있는 최대 정보량이 증가한다.

④ 섀넌-하틀리 이론은 오류 확률의 한계를 정하는 것이다.

🔈 **Point** 섀넌-하틀러 이론은 전송 채널상의 백색 잡음만 존재한다고 가정한 상태에서 송신측에서 수신측으로 전송할 수 있는 정보량의 최대치인 채널용량을 구하는 것이다.

$$C = B\log_2\left(1 + \frac{S}{N}\right) \text{bps}$$

C: 대역폭, S: 신호, N: 노이즈, B: 신호전력

6 다음은 협대역 FM 변조 발생 회로이다. 빈칸에 들어가야 할 회로로 옳은 것은?

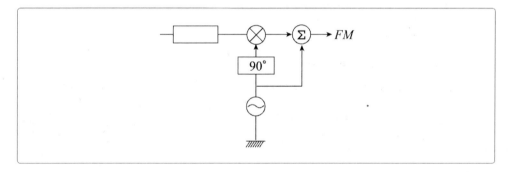

① 대역 여파기

② 적분기

③ 변별기

④ 증폭기

🔈 **Point** 적분기 … 미분 회로의 역작용을 하는 회로로서 입력 신호의 적분 형태가 출력 신호로 나타난다.

» ANSWER

5.④ 6.②

7 이상적인 곱셈기에 두 신호 $\cos\left(100\pi t + \dfrac{\pi}{3}\right)$와 $\cos\left(1,000\pi t + \dfrac{\pi}{6}\right)$가 동시에 입력되었다. 이 경우 입력신호와 출력신호에 대한 설명으로 옳지 않은 것은?

① 두 입력신호의 주파수는 각각 50Hz, 500Hz이다.

② 곱셈기의 출력신호 주파수는 각각 450Hz, 550Hz이다.

③ 곱셈기의 출력신호의 위상은 각각 $\dfrac{\pi}{3}$, $\dfrac{\pi}{6}$이다.

④ 입력신호들의 주파수 스펙트럼은 수학적으로 임펄스 함수를 이용하여 표현할 수 있다.

🔊 **Point** ① $\omega = 2\pi f$ 이므로

$$2\pi f = 100\pi \;\rightarrow\; \frac{100\pi}{2\pi f} = 50[\text{Hz}]$$

$$2\pi f = 1,000\pi \;\rightarrow\; \frac{1,000\pi}{2\pi f} = 500[\text{Hz}]$$

② $\cos A \cdot \cos B = \dfrac{1}{2}[\cos(A+B) + \cos(A-B)]$

$500 - 50 = 450\text{Hz}$

$500 + 50 = 550\text{Hz}$

③ $\cos\left(100\pi t + \dfrac{\pi}{3}\right)$ 페이지로 변환 $\dfrac{1}{\sqrt{2}} \angle \dfrac{\pi}{3}$ |

$\cos\left(1,000\pi t + \dfrac{\pi}{6}\right)$ 페이지로 변환 $\dfrac{1}{\sqrt{2}} \angle \dfrac{\pi}{6}$

크기는 곱하고 값은 더한다.

$$\frac{1}{2} \angle \frac{\pi}{3} + \frac{\pi}{6}$$

곱셈기의 위상은 $\dfrac{\pi}{2}$

④ $\cos 2\pi f_c t$ 를 임펄스로 표현하면

$$\frac{1}{2}[\delta(f+f_c) + \delta(f-f_c)]$$

≫ **ANSWER**

7.③

8 신호점의 배치도가 다음 그림과 같이 주어지는 디지털 변조 방식은?

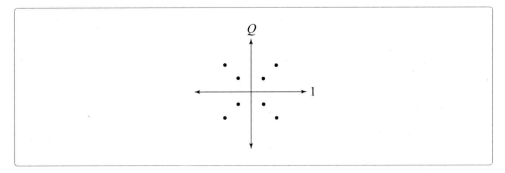

① QAM

② PSK

③ DPSK

④ FSK

(Point) QAM(Quadrature Amplitude Modulation) 방식
　　㉠ 반송파의 진폭과 위상을 데이터에 따라 변화시키는 진폭 변조와 위상 변조 방식의 혼합 형태이다.
　　㉡ 완전히 독립된 2개의 Baseband 신호 계열로 직교하는 2개의 반송파(cos파, sin파)를 각각 ASK
　　　로 변조한 것을 합성하여 전송로상에 전송한다.

9 PWM파를 복조하기 위한 회로로 옳은 것은?

① LPF

② 미분기

③ 적분기

④ 가산 증폭기

(Point) PWM파를 복조하기 위한 구성 회로로는 PAM 복조 회로가 있으며, PAM 복조 회로는 표본화 주파수 f_s 인 PAM파를 복조하기 위해서 차단 주파수 $f_c = \dfrac{1}{2} f_s$ 인 LPF를 사용한다.

10 변조 방식 중 데이터 통신 시스템에서 사용되지 않는 것은?

① 강도 변조 방식

② 직교 진폭 변조 방식

③ 위상 편이 변조 방식

④ 차등 위상 변조 방식

📢 Point 데이터 통신 시스템의 변조 방식

ⓐ 위상 편이(PSK, Phase Shift Keying) 방식

ⓑ 차등 위상 변이(DPSK, Differential PSK) 방식

ⓒ 4진 위상 편이(QPSK, Quadrature PSK) 방식

ⓓ 직교 진폭 변조(QAM, Auadrature Amplitude Modulation) 방식

11 $x(t)$ 및 $y(t)$ 모두 아래와 같은 신호일 때, $-1 \leq t \leq 0$의 범위에서 $x(t)$와 $y(t)$의 컨벌루션(convolution) $x(t) * y(t)$의 계산값은?

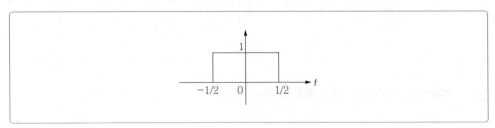

① 0

② 1

③ $1 + t$

④ $1 - t$

📢 Point 컨벌루션은 한 신호를 Y축에 대하여 대칭시킨 후 시간 축을 따라서 두 신호의 곱을 적분시킨 것이므로 해당 신호들의 컨벌루션 결과는 $1+t$가 된다.

≫ **ANSWER**

10.① 11.③

12 데이터통신 방법 중 서로 다른 방향에서 동시에 송·수신을 행할 수 있는 것은?

① Dual system

② Full Duplex

③ Simplex

④ Half Duplex

🔊 (Point) 전이중 방식(Full duplex system) ··· 양방향으로 동시에 신호의 전송이 가능한 방식으로 일정시간에 많은 양의 데이터를 송·수신할 때 주로 이용하나 회선비용이 비싸다는 단점이 있다.

13 OSI-7 Layer 중 노드 간의 bits를 상호 주고 받는 전기적 사양을 정의로 표현한 레이어는?

① 물리 계층

② 데이터 링크 계층

③ 네트워크 계층

④ 전달 계층

🔊 (Point) OSI 7 layer의 구조
  ㉠ 물리 계층: 케이블의 종류와 케이블에 흐르는 신호의 규격 및 신호를 송수신하는 DTE/ DCE 인터페이스 회로, 제어순서, 커넥터 형태 등의 규격을 정하는 계층으로 정보의 최소 단위인 비트 정보를 전송매체를 통하여 효율적으로 전송하는 기능을 한다.
  ㉡ 데이터 링크 계층: 상위 계층에서 보낸 데이터를 분리시켜 필요한 정보만을 골라 하위 계층에 전달하는 계층으로 정보를 전송하기 좋은 단위로 분리한 후 헤더를 붙여 전송하거나 수신 데이터의 에러 발생시 재전송을 요구하는 기능을 한다.
  ㉢ 네트워크 계층: 통신을 하고자 하는 노드들 간의 접속을 설정, 유지, 종료하며 주소지정, 통신경로설정 등의 기능을 한다.
  ㉣ 전송 계층: 송·수신측 사이의 연결설정 및 유지, 오류복구와 흐름제어의 기능을 한다.
  ㉤ 세션 계층: 응용 프로그램간의 대화를 유지하기 위한 구조를 제공하며, 두 응용프로그램 간의 연결설정, 유지 및 종료의 기능을 한다.
  ㉥ 표현 계층: 상위 계층인 응용 계층에서 표현한 다양한 표현양식을 통상 전송구문으로 변환시키는 기능을 한다.
  ㉦ 응용 계층: 사용자에게 서비스를 제공하고 사용자가 제공한 정보 및 명령을 하위 계층으로 전달하는 기능을 한다.

>> ANSWER

12.② 13.①

14 신호가 수신될 때 신호를 구성하는 다양한 주파수 성분들이 서로 다른 전파속도를 가짐에 따라 수신신호 품질이 저하되는 현상은?

① 감쇠(attenuation)

② 지연왜곡(delay distortion)

③ 잡음(noise)

④ 혼선(crosstalk)

> **Point** 근접한 전화 회선이나 신호 회선에서 다른 회선에 신호 전류가 누설하는 현상. 누화가 일어나는 원인은 정전 유도에 의한 것과 전자 유도에 의한 것이 있다. 즉 전기적결합에 의하여 다른 회선에 영향을 주는 현상으로 통신의 품질을 저하시키는 직접적인 원인이 된다.
>
> 누화에는 그 나타나는 방향이 신호 전류와 반대 방향으로 송단(送端)에 전해지는 근단 누화와, 신호 전류와 같은 방향으로 되어 수단(受端)으로 전해지는 원단 누화가 있다. 통신 회선의 누화를 방지하려면 나선에서는 교차, 반송에서는 대칭형 배치, 단거리 반송 방식에서는 압신기를 사용한다.

15 스펙트럼 확산 변조의 가장 큰 특징으로 옳은 것은?

① 전송되는 신호가 제 3 자에게 노출이 되는 것을 방지할 수 있다.

② 주파수를 보다 멀리 가게 하기 위한 변조 방식이다.

③ 보다 광범위한 가입자를 수용하기 위한 방식이다.

④ 전송되는 신호의 전력 밀도를 높이기 위한 변조 방식이다.

> **Point** 스펙트럼 확산(Spread Spectrum) 변조 … 종래의 통신대역보다 넓은 대역으로 송신 전력을 확산하여 변조시키는 방법으로 강한 비화성에 의하여 군용으로 개발되었으며, S/N비가 작아도 통신이 가능하기 때문에 이동통신, 위성통신 등에 사용한다.

>> ANSWER

14.② 15.①

16 다중모드 광섬유에서 입사된 빛이 전파 속도로 생기는 분산은?

① 색 분산

② 원거리 분산

③ 강도 분산

④ 모드 분산

📢 Point 광섬유의 모드 분산 … 입사된 광의 모드에 따른 전파 속도차로 인하여 전송과정에서 퍼지는 현상이 발생하는데 이를 모드 분산이라 한다. 즉 전송 속도가 다르기 때문에 발생하는 파형의 벌어짐으로 이는 광섬유 굴절률을 제어함으로서 최소화할 수 있다.

※ 광섬유 모드의 분산의 종류

⊙ 모드 분산 : 전파 모드에 의해 전송 속도가 달라 발생하는 파형의 벌어짐으로 굴절률의 제어로 최소화할 수 있다.

ⓛ 재료 분산 : 유리의 굴절률이 전파하는 빛의 파장에 의해 변화하여 나타나는 파형의 벌어진다.

ⓒ 구조 분산 : 광원에서 방출되는 빛의 파장에 폭이 있으므로 나타나는 파형의 벌어짐으로 파장이 길수록 증가된다.

17 다음 중 정합 필터(matched filter)에 대한 설명으로 옳은 것은?

① 신호성분은 강조하고 잡음성분을 억제하여 신호 대 잡음비(S/N)를 향상시키는 디지털 비동기검파회로이다.

② 하나의 곱셈기와 미분기로 구성되는 상관기 회로를 이용하여 쉽게 구현할 수 있다.

③ 출력 신호의 에너지는 입력 신호의 에너지의 반과 같다.

④ 입력 신호와 임펄스 응답이 폭이 같은 구형파일 경우 출력신호는 삼각파로 표현된다.

📢 Point ① 정합 필터는 동기검파회로이다.

② 정합 필터는 곱셈기와 적분기로 구성된다.

③ 출력 신호의 크기는 입력 신호의 에너지 크기이다.

18 매 전송 비트마다 에러가 날 확률이 p인 통신시스템이 있다. 한 프레임을 N비트로 구성하여 전송할 때 프레임 에러 확률은? (단, 한 비트라도 에러가 나면 프레임 에러라고 간주한다)

① $N(1-p)$

② $1-N(1-p)$

③ $(1-p)^N$

④ $1-(1-p)^N$

Point 매 전송마다 에러가 발생할 확률 p

에러가 발생하지 않을 확률 $1-p$

프레임을 전송할 때 에러가 발생하지 않을 확률 $(1-p)^N$

프레임에서 에러가 발생할 확률 $1-(1-p)^N$

19 위성통신의 장점으로 옳지 않은 것은?

① 통신 가능 범위에 제한이 없다.

② 전송 오류율이 감소한다.

③ SHF 주파수 대역을 사용한다.

④ 고품질의 협대역 전송이 가능하다.

Point 위성통신의 장점

㉠ 서비스 지역이 넓어 광대역 통신 및 전송이 가능하다.

㉡ 지리적 장애를 극복할 수 있다.

㉢ 설치비, 운용비, 보수비가 통신거리와 상관없으므로 경제성이 높다.

㉣ 위성의 가시범위 내 모든 지역의 접속이 가능하다.

≫ ANSWER

18.④ 19.④

20 1개의 주반사기와 1개의 부반사기를 갖은 위성 통신 지구국용 안테나는?

① 파라볼라(Parabola) 안테나

② 혼(Horn) 안테나

③ 무지향성 안테나

④ 카세그레인(Cassegrain) 안테나

Point ① 파라볼라(Parabola) 안테나 : 좁은 지역에 대한 spot beam을 형성하는 데 사용되는 안테나
② 혼(Horn) 안테나 : 넓은 지역을 커버하는 beam을 형성하는 데 사용하는 안테나
③ 무지향성 안테나 : TTC 정보 송수신용으로 사용하며 지향성이 없으므로 이득이 낮은 안테나
④ 카세그레인(Cassegrain) 안테나 : 1개의 주반사기와 1개의 부반사기를 갖는 위성 통신 지구국용 안테나

>> ANSWER
20.④

PART Ⅲ

전자공학

1 어느 자기장에 의하여 생기는 자기장의 세기를 $\dfrac{1}{2}$로 하려면 자극으로부터의 거리를 몇 배로 하면 되는가?

① $\sqrt{2}$ 배

② 2 배

③ $\dfrac{1}{\sqrt{2}}$ 배

④ $\dfrac{1}{4}$ 배

Point

$H = \dfrac{I}{2\pi r}$ [AT/m]

H일 때 거리 $r_1 = \dfrac{I}{2\pi H}$

$\dfrac{1}{2}H$일 때의 거리 $r_2 = \dfrac{I}{2\pi \dfrac{H}{2}} = \dfrac{I}{\pi H}$

$\therefore \dfrac{r_2}{r_1} = \dfrac{\dfrac{I}{\pi H}}{\dfrac{I}{2\pi H}} = \dfrac{2}{1} = 2$

따라서, 거리를 2배로 하면 된다.

2 다음 중 도체의 저항률로 가장 타당한 것은?

① $1[\Omega \cdot cm]$

② $2[\Omega \cdot cm]$

③ $3[\Omega \cdot cm]$

④ $4[\Omega \cdot cm]$

Point 저항률

㉠ 도체 : $1[\Omega \cdot cm]$ 이하

㉡ 반도체 : $0.01[\Omega \cdot cm] \sim 10^{10}[\Omega \cdot cm]$

㉢ 부도체 : $10^9[\Omega \cdot cm]$ 이상

>> ANSWER

1.② 2.①

3 제너 다이오드의 제너 저항은 0이고 정격이 10V이다. 제너 전류가 5mA에서 20mA로 변화할 때 이들 전류에 대한 입력전압의 최댓값과 최솟값의 차이는 얼마인가?

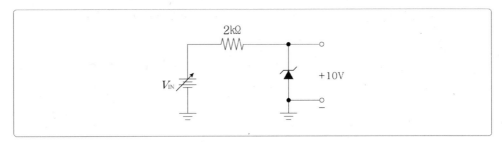

① 5V

② 10V

③ 30V

④ 50V

🔊 (Point) $V_{\min} = 5\text{mA} \times 2,000 + 10\text{V} = 20\text{V}$

$V_{\max} = 20\text{mA} \times 2,000 + 10\text{V} = 50\text{V}$

$V_{\max} - V_{\min} = 50\text{V} - 20\text{V} = 30\text{V}$

4 다음 그림의 회로에서 Q_1과 Q_2의 전류 증폭률이 각각 A_1과 A_2일 때 전류 증폭률은?

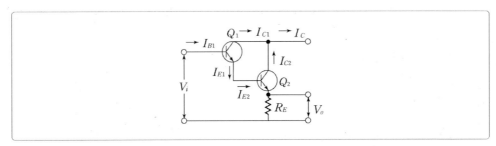

① $A = A_1 + A_2$

② $A = A_1 \cdot A_2$

③ $A = \dfrac{A_1}{A_2}$

④ $A = \dfrac{A_2}{A_1}$

🔊 (Point) 그림의 회로는 달링톤(Darlington)회로이다.

전류 증폭률 $A_I = (1 + h_{fe1})(1 + h_{fe2}) = A_1 \cdot A_2$

※ 달링톤회로의 특징

　㉠ 입력저항과 전류 증폭률이 매우 크다.

　㉡ 첫째단의 누설전류를 둘째단의 트랜지스터가 증폭하는 단점이 있다.

>> ANSWER

3.③ 4.②

5 다음 중 LC 발신회로에 해당하지 않는 것은?

① 하틀리 발진회로

② 콜피츠 발진회로

③ 브리지 발진회로

④ 컬렉터 동조 LC 발진회로

> Point ③ 브리지 발진회로는 RC 발진회로이다.
>
> ④ LC 동조회로가 컬렉터에 있는 회로를 컬렉터 동조형 회로라 한다. 발진의 원리는 하틀리 발진
>
> 기와 같으며 발진 주파수 $f = \dfrac{1}{2\pi\sqrt{L_1 C_1}}$ [Hz]이다.
>
> ※ 발진회로의 종류
>   ㉠ LC 발진회로
>   • 3소자형 : 하틀리 발진회로, 콜피츠 발진회로
>   • 동조형 발진회로
>   ㉡ RC 발진회로
>   • 브리지 발진회로
>   • 이상형 발진회로
>   • 수정 발진회로

6 다음 중 진폭 제한기가 필요치 않으며 FM파의 일그러짐을 가장 적게 하는 복조방식은?

① 경사형 검파

② 헤테로다인 검파

③ 포스터 실리 검파

④ 비 검파

> Point 비 검파방식 … 포스터 실리 검파방식의 반밖에 안 되지만 입력의 순간적인 진폭 변화에 민감하게
> 대처하는 대용량의 콘덴서가 출력측에 부착되어 있다. 따라서 진폭변화에 대한 잡음을 제거하는 성
> 분이 포함되어 있어 진폭 제한기를 필요로 하지 않으며 FM파의 일그러짐을 가장 적게 복조한다.

» ANSWER

5.③ 6.④

7 진폭 변조에서 반송파 전력을 P_c, 변조도를 m_a라 할 때 피변조파 전력 P_m을 나타내는 식은?

① $P_m = P_c$

② $P_m = P_c \left(1 + \dfrac{{m_a}^2}{2} \right)$

③ $P_m = P_c \left(1 + \dfrac{{m_a}^2}{4} \right)$

④ $P_m = P_c + \dfrac{{m_a}^2}{4}$

📣 **Point** $P_m = P_c \left(1 + \dfrac{{m_a}^2}{2} \right)$이 된다. 안테나 복사저항을 R_a라 하면

반송파 전력$(P_c) = \dfrac{\left(\dfrac{V_c}{\sqrt{2}} \right)^2}{2R_a} = \dfrac{{V_c}^2}{2R_a}$

상측파대 전력$(P_U) = \dfrac{\left(\dfrac{m_a V_c}{2\sqrt{2}} \right)^2}{R_a} = \dfrac{{m_a}^2 {V_c}^2}{8R_a}$

하측파대 전력$(P_L) = \dfrac{{m_a}^2 {V_c}^2}{8R_a}$

따라서 피변조파 전력$(P_m) = P_c + P_U + P_L = \dfrac{{V_c}^2}{2R_a} + \dfrac{{m_a}^2 {V_c}^2}{8R_a} + \dfrac{{m_a}^2 {V_c}^2}{8R_a}$

$\qquad\qquad = \dfrac{{V_c}^2}{2R_a} \left(1 + \dfrac{{m_a}^2}{4} + \dfrac{{m_a}^2}{4} \right) = P_c \left(1 + \dfrac{{m_a}^2}{2} \right)$

>> **ANSWER**

7.②

8 다음 [그림 A]의 정현파를 [그림 B]의 구형파로 변환시키는데 가장 적합한 회로는?

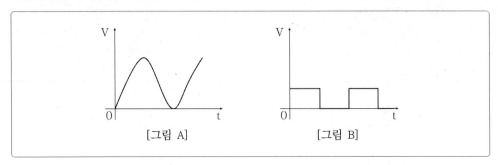

[그림 A]   [그림 B]

① 부츠트랩 회로
② 블로킹 발진기
③ 슈미트 트리거
④ LC동조회로

> **Point** 입력 전압에 잡음 신호가 섞여 있는 경우, 출력 전압이 불안정하게 된다. 슈미트 트리거 회로는 입력 전압의 작은 변동에 관계없이 출력 전압을 안정화할 수 있으므로 구형파를 발생시키는 회로로 사용된다.

9 다음 그림의 Y결선을 Δ결선으로 변환하고자 할 때 R_{ab} 저항은?

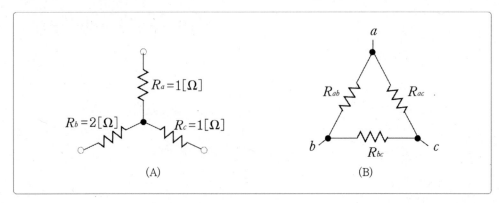

(A)   (B)

① 5[Ω]   ② 10[Ω]
③ 15[Ω]   ④ 20[Ω]

> **Point** $R_{ab} = \dfrac{R_a R_b + R_b R_c + R_c R_a}{R_c} = \dfrac{2+2+1}{1} = 5[\Omega]$

» ANSWER

8.③ 9.①

10 다음 〈보기〉의 부울(Boolean)식의 결괏값은?

> 〈보기〉
>
> $$\overline{X} + X \cdot Y + X \cdot \overline{Y}$$

① X

② Y

③ 0

④ 1

(Point) $\overline{X} + X \cdot Y + X \cdot \overline{Y}$

$= \overline{X} + X(Y + \overline{Y})$

$= \overline{X} + X(1)$

$= \overline{X} + X = 1$

11 4단자회로에서 입력전압이 20[mV]이고 출력전압이 2[mV]일 때 손실은 몇 [dB]인가?

① $\dfrac{1}{10}$

② $\dfrac{1}{20}$

③ -10

④ -20

(Point) $G_v = 20\log_{10} A_v = 20\log_{10} \dfrac{\text{출력전압}(V_2)}{\text{입력전압}(V_1)} = 20\log_{10} \dfrac{2}{20} = 20(-1) = -20[\text{dB}]$

12 완충 증폭기에 주로 사용되는 전력 증폭기는?

① A급

② B급

③ C급

④ D급

> **Point** A급: 완충 증폭기
> B급: Push-pull 방식으로 전력 증폭기에 많이 사용
> C급: 주파수 체배기
> AB급: 저주파 증폭기

13 다음 중 증폭작용을 하는 능동소자의 동작점을 A급으로 하여야 하는 발진회로는?

① 수정 발진기

② 동조형 발진기

③ 비트 발진기

④ 이상 발진기

> **Point** RC 발진회로에는 이상형 발진회로(Phase Shift Oscillator)와 빈 브리지형 발진회로가 있다. 그 중 빈 브리지형 발진회로는 발진 주파수가 안정하고 A급으로 동작하므로 파형이 좋다.
> ① 수정편의 압전현상을 이용한 것으로 주위 온도의 영향을 거의 받지 않는다. 주파수 안정도가 높고 기계적 · 물리적으로 안정하다.
> ③ 비트 발진기는 비안정 멀티바이브레이터를 이용한 회로로 스위치에 의하여 발진을 정지시킬 수 있다.
> ④ CR 이상기(移相器)를 이용한 것이 이상 발진기이다.

>> ANSWER

12.① 13.②

14 DSB에 비해 SSB 통신방식의 장점이 아닌 것은?

① 수신 설비

② 송신기의 소비전력

③ 점유주파수 대역폭

④ 신호 대 잡음비

📢(Point) SSB(Single Side Band)의 특징

ⓐ 장점

• 전력의 소모가 작다.

• 점유 주파수 대역폭이 DSB의 $\frac{1}{2}$ 이다.

• S/N비가 개선된다.

• 비밀성이 있다.

ⓑ 단점 : 송수신기 설비가 복잡하다.

15 다음 중 FM 방송파를 왜율이 가장 낮게 복조하는 데 적합한 것은?

① Slop 검파

② Gated Beam 검파

③ Foster-Seeley 검파

④ Ratio 검파

📢(Point) ① 가장 간단한 FM 검파회로방식으로, 앞단의 에미터 작용이 불완전하여 잡음 등의 진폭 변조분이 섞여 들면 잡음이 출력으로 나타난다.

② 검파 출력이 크고 좋은 진폭 제한작용을 하지만, 입력신호가 작거나 동작점이 적당하지 않으면 버즈음이 난다.

③ 변별기 자체에 진폭 제한작용이 없으므로 진폭 제한기가 필요하다.

16 그림과 같은 회로의 입력에 정현파를 인가했을 때 똑같은 출력파형을 얻을 수 있는 회로는?

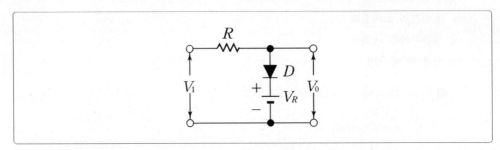

①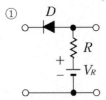

②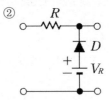

③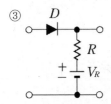

④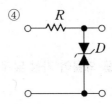

📢(Point) ① 피크 클리퍼회로 ②③ 베이스 클리퍼회로

≫ ANSWER

16.①

17 다음과 같은 회로에서 저항 0.4[Ω]에 흐르는 전류는?

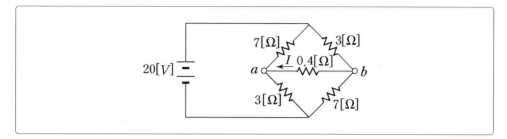

① 0.7[A]

② 1.74[A]

③ 1.42[A]

④ 2.1[A]

Point

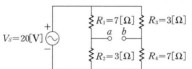

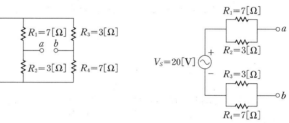

$$V_a = \left(\frac{R_2}{R_1+R_2}\right)V_S = \left(\frac{3}{7+3}\right)\times 20 = 6[V], \quad V_b = \left(\frac{R_4}{R_3+R_4}\right)V_S = \left(\frac{7}{7+3}\right)\times 20 = 14[V]$$

테브난의 정리에 의해 a, b 양단을 개방하였을 때 V_0의 개방전압

$$V_0 = V_{ab} = V_b - V_a = 14 - 6 = 8[V]$$

전원을 제거하고 a, b 양단에서 본 합성저항 R_0를 구하면 $R_0 = \frac{3\times 7}{3+7} + \frac{7\times 3}{7+3} = 4.2[\Omega]$

전류$(i) = \dfrac{V_0}{R_0} = \dfrac{8}{4.2+0.4} \fallingdotseq 1.74[A]$

≫ ANSWER

17.②

18 다음 회로의 명칭으로 적합한 것은?

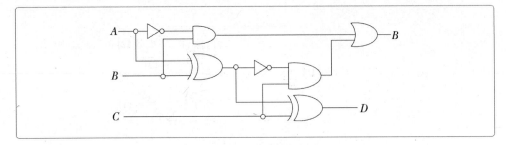

① 반가산기
② 전가산기
③ 반감산기
④ 전감산기

🔊 (Point) 전감산기 … 두 개의 반감산기와 OR 게이트로 연결된 것으로 2자리 이상의 2진수 감산을 할 수 있다.

19 다음 트랜지스터회로에서 R_B=100[Ω], R_C=50[Ω], V_{BE}=0.25[V], V_{CE}=0.5[V]일 때 베이스 전류 I_B는?

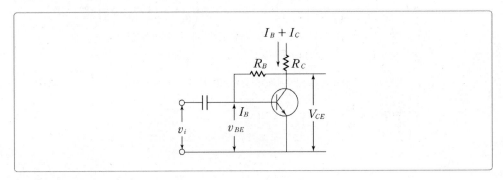

① 0.025[mA]
② 0.25[mA]
③ 2.5[mA]
④ 25[mA]

🔊 (Point) $I_B = \dfrac{V_{CE} - V_{BE}}{R_B} = \dfrac{0.5 - 0.25}{100} = \dfrac{0.25}{100} = 0.0025 = 2.5[mA]$

>> ANSWER
18.④ 19.③

20 반송파를 제거하기 위한 변조방식은?

① 진폭 변조

② 펄스 변조

③ 평형 변조

④ 위상 변조

(Point) 평형 변조 ⋯ 반송파를 제거하고 측대파만을 꺼내는 변조방식이다. 보통 AM방식은 반송파와 상·하 양측파대를 동시에 송출하게 되면 피변조파 전력의 대부분을 반송파가 차지하여 큰 전력이 소비된다. 따라서 한쪽 측파대를 제거하고 나머지 한쪽 측파대만을 사용하는 SSB 방식에서는 링 변조기나 평형 변조기를 사용하여 반송파를 제거하고 대역 여파기로 한쪽 측파대만 꺼내어 SSB 통신을 하게 된다. 이와 같이 반송파를 제거시키는 변조방식을 말한다.

1 전계와 전속에 대한 설명이다. 옳지 않은 것은?

① 전계 중에 전위 전하를 놓았을 때 그것에 작용하는 힘을 전계의 세기라 한다.

② 전속밀도 $D = \dfrac{Q}{A}$이다(A : 면적).

③ 전속은 전계의 상태를 알기 위해 사용하는 가상의 선이다.

④ 전기력선 밀도와 같은 것은 전속이다.

> **(Point)** 전기력선의 밀도는 전계의 세기와 같다.
>
> 전속밀도 $D = \dfrac{Q}{A} = \dfrac{Q}{4}\pi r^2 [\text{C/m}^2]$에 쿨롱의 법칙을 적용하면 전계의 세기 $E = \dfrac{Q}{4\pi\epsilon r^2} [\text{V/m}]$이므로
>
> 이 관계식을 정리하고 유전율을 고려하면 $D = E$가 된다.

2 정전용량이 같은 콘덴서 10개를 병렬로 접속했을 때의 합성 정전용량은 직렬접속 때의 몇 배가 되는가?

① 0.1배

② 1배

③ 10배

④ 100배

> **(Point)** 직렬 합성용량 $C_s = \dfrac{C}{n} = \dfrac{C}{10}$, 병렬 합성용량 $C_p = nC = 10C$
>
> $\therefore \dfrac{C_p}{C_s} = \dfrac{10C}{\dfrac{C}{10}} = \dfrac{100}{1}$

3 다음 그림에서 h정수의 표기로 옳지 않은 것은?

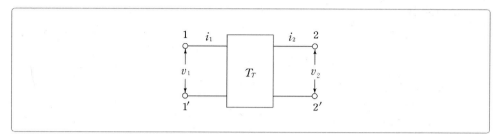

① $h_i = \left(\dfrac{v_1}{i_1} \right)_{v_2 = 일정}$

② $h_r = \left(\dfrac{v_1}{v_2} \right)_{i_1 = 일정}$

③ $h_f = \left(\dfrac{i_1}{i_2} \right)_{v_2 = 일정}$

④ $h_o = \left(\dfrac{i_2}{v_2} \right)_{i_1 = 일정}$

> **Point**
> 전류 증폭률 $h_f = \left(\dfrac{i_2}{i_1} \right)_{v_2 = 일정}$
>
> ① h_i : 입력 임피던스 ② h_r : 전압 되먹임율 ④ h_o : 출력 어드미턴스

4 다음 중 트랜지스터의 h파라미터를 나타낸 것으로 옳지 않은 것은? (단, V_{CE}와 I_B는 일정하다)

① $h_{ie} = \dfrac{\Delta V_{BE}}{\Delta I_B}$

② $h_{re} = \dfrac{\Delta V_{BE}}{\Delta V_{CE}}$

③ $h_{fe} = \dfrac{\Delta I_C}{\Delta I_B}$

④ $h_{oe} = \dfrac{\Delta I_C}{\Delta V_{CE}}$

Point 에미터 접지일 때의 각 h파라미터의 정의

㉠ $h_{ie} = \dfrac{\Delta V_{BE}}{\Delta I_B}$ (V_{CE}는 일정) : 출력측 단락시 입력 임피던스

㉡ $h_{re} = \dfrac{\Delta V_{BE}}{\Delta V_{CE}}$ (I_B는 일정) : 입력측 개방시 출력전압의 입력측 되먹임률

㉢ $h_{fe} = \dfrac{\Delta I_C}{\Delta I_B}$ (V_{CE}는 일정) : 출력측 단락시 전류 증폭률

㉣ $h_{oe} = \dfrac{\Delta I_C}{\Delta V_{CE}}$ (I_B는 일정) : 입력측 개방시의 출력 어드미턴스

» ANSWER

4.②

5 다음 귀환 바이어스 회로에서 R_1과 R_2의 병렬 합성저항값을 작게 할 경우의 변화로 옳은 것은?

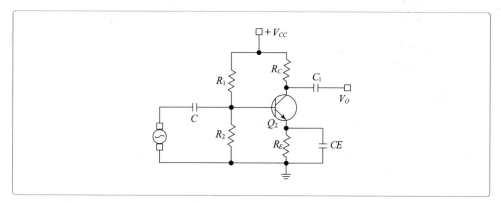

① S가 커져 정지 동작점의 안정성의 변화가 크게 일어난다.

② S에는 영향을 미치지 않는다.

③ S가 감소해 정지 동작이 안정해진다.

④ S가 커져 정지 동작이 보다 불안정해진다.

🔊 Point

$S = 1 + \beta \dfrac{1 + \dfrac{R_B}{R_E}}{\dfrac{R_B}{R_E} + 1 + \beta}$ 이고 여기서 $(1+\beta)$가 $\dfrac{R_B}{R_E}$ 보다 크면 $S \fallingdotseq 1 + \dfrac{R_B}{R_E}$ 가 된다.

결국, R_B가 작고 R_E가 크면 바이어스의 상태는 안정하게 된다.

$\left(R_B = R_1 /\!/ R_2 = \dfrac{R_1 \cdot R_2}{R_1 + R_2} \right)$

6 다음 중 트랜지스터 증폭기의 바이어스 안정계수는?

① $S = \dfrac{\Delta I_C}{\Delta I_{CO}}$

② $S = \dfrac{\Delta I_C}{\Delta I_O}$

③ $S = \dfrac{\Delta I_{CO}}{\Delta I_C}$

④ $S = \dfrac{\Delta I_C}{\Delta I_B}$

📢 (Point) 트랜지스터 바이어스 회로의 안정계수 … 안정계수는 작을수록 안정성이 좋다.

㉠ 고정 바이어스회로의 안정계수 $S = \dfrac{\Delta I_C}{\Delta I_{CO}} = (1+\beta)$

㉡ 전류되먹임 바이어스회로의 안정계수 $S = \dfrac{\Delta I_C}{\Delta I_{CO}} = \dfrac{1+\beta}{1-\beta\left(\dfrac{\Delta I_B}{\Delta I_C}\right)} = \dfrac{1+\beta}{1+\beta\left(\dfrac{R_E}{R_B + R_E}\right)}$

㉢ 전압되먹임 바이어스회로의 안정계수 $S = \dfrac{\Delta I_C}{\Delta I_{CO}} = \dfrac{1+\beta}{1-\beta\left(\dfrac{\Delta I_B}{\Delta I_C}\right)} = \dfrac{1+\beta}{1+\beta\left(\dfrac{R_C}{R_B + R_C}\right)}$

7 그림과 같은 회로에서 베이스 전류 I_B는 몇 [mA]인가? (단, $V_{CE} = 4.6[V]$, $V_{BE} = 0.6[V]$)

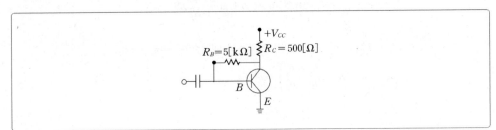

① 0.8

② 0.92

③ 8

④ 9.2

📢 (Point) $I_B = \dfrac{V_{CE} - V_{BE}}{R_B} = \dfrac{4.6 - 0.6}{5 \times 1,000} = 0.8[mA]$

≫ ANSWER

6.① 7.①

8 트랜지스터의 장점으로 옳은 것은?

① 고온에 약하고, 이득이 적다.

② 역내 전압이 낮고 주파수 특성이 나쁘다.

③ 입력 임피던스가 낮다.

④ 음극 전원의 예열이 불필요하고 즉시 가동된다.

 Point ①②③ 트랜지스터의 단점이다.

　　　 ※ 트랜지스터의 장점

　　　　　 ㉠ 소형이며 경량이라 기기를 소형으로 제작할 수 있다.

　　　　　 ㉡ 효율이 좋고 내부 전압강하가 적다.

　　　　　 ㉢ 음극 전원의 예열이 불필요하고 즉시 가동된다.

　　　　　 ㉣ 충격이나 진동에 강하고 수명이 반영구적이다.

9 그림과 같이 트랜지스터 증폭작용에서 이미터 입력저항이 100[Ω], 전류가 1[mA]이고 컬렉터에 50[kΩ]의 저항을 직렬로 연결할 때 전압 증폭도는? (단, α=0.95)

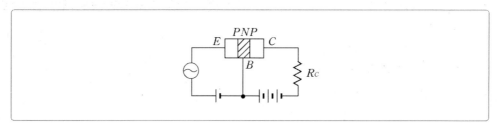

① 325

② 365

③ 475

④ 495

Point 전압 증폭도 $A_v = \dfrac{e_2}{e_1}$, 전류 증폭률 α가 1보다 작으나 입·출력 저항차에 의해 증폭이 된다.

입력전압 $e_1 = I_e \cdot R_e = 1 \times 10^{-3} \times 100 = 0.1[V]$

출력전압 $e_2 = I_c \cdot R_c$ $(\because I_c = \alpha \cdot I_C)$

　　　　　　 $= 0.95 \times 10^{-3} \times 50 \times 10^3 = 47.5[V]$

$\therefore A_v = \dfrac{e_2}{e_1} = \dfrac{47.5}{0.1} = 475$

10 다음 중 전력 증폭도가 가장 높은 접지방식은?

① 이미터 접지

② 컬렉터 접지

③ 베이스 접지

④ 이미터-베이스 접지

Point 전력 증폭도 … 이미터 접지는 1,000배 이상, 컬렉터 접지는 10배, 베이스 접지는 100배 정도이다.
   ※ 전압 증폭도와 전류 증폭도
      ㉠ 전압 증폭도 : 이미터 접지는 100∼1,000배, 컬렉터 접지는 1보다 작고 베이스 접지는 100배 정도이다.
      ㉡ 전류 증폭도 : 이미터 접지와 컬렉터 접지는 10배이고, 베이스 접지는 1보다 작다.

11 쿨롱의 법칙에서 두 대전체가 가지고 있는 전하 상호 간의 정전력에 대한 설명으로 옳은 것은?

① 전하량의 곱에 비례한다.

② 전하량의 곱에 반비례한다.

③ 거리의 곱에 비례한다.

④ 거리의 곱에 반비례한다.

Point 쿨롱(Coulomb)의 법칙 … 두 개의 대전체가 갖고 있는 전하 상호 간의 정전력은 전하량의 곱에 비례하고 거리의 제곱에 반비례한다.

$$F = k\frac{Q_1 Q_2}{r^2} [\text{N}]$$

» ANSWER

10.① 11.①

12 다음 그림과 같은 증폭기에서 인덕턴스 L의 작용으로 알맞은 것은?

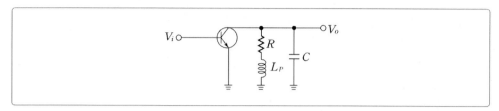

① 고주파 보상용

② 고주파 차단용

③ 저주파 보상용

④ 직류 차단용

🔊 Point Peaking Coil 접속회로 … 증폭기의 고역에서 이득감소는 트랜지스터 자체 성능인 차단 주파수가 높지 않기 때문이고 접합용량 성분, 부유용량 성분과도 관계가 있다. 이런 원인을 피하고 고역을 넓히기 위해 사용하는 코일을 Peaking Coil이라고 한다.

13 다음 회로에서 V_B전압은?

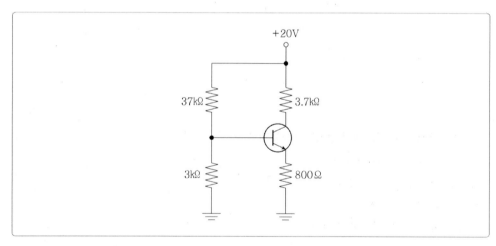

① 0V

② 1V

③ 1.5V

④ 3.5V

🔊 Point $V_B = \left(\dfrac{3}{37+3}\right)20\text{V} = 1.5\text{V}$

14 n-채널 JFET에서 $V_{GS(off)}=-5V$, $I_{DSS}=10mA$이다. V_{DD}는 몇 V인가?

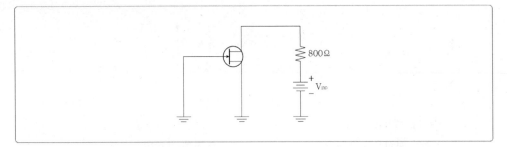

① 5V

② 13V

③ 22V

④ 32V

> **(Point)** $V_{GS(off)}=-5V$ 이므로 $V_P=5V$
>
> $V_{DS}=V_P=5V$
>
> 드레인 저항에서 전압강하는
>
> $V_{R_D}=10mA\times800\Omega=8V$
>
> 키르히호프 법칙을 이용하면
>
> $V_{DD}=V_{DS}+V_{R_D}=5V+8V=13V$

15 반도체의 효과에 대한 연결이 바르게 짝지어진 것은?

① 열전대 – Peltier 효과

② 전자냉각 – 광전 효과

③ 홀 발진기 – 자기 효과

④ 광전도 셀 – Seebeck 효과

> **(Point)** ① 열전대 – Seebeck 효과
>
> ② 전자냉각 – Peltier 효과
>
> ④ 광전도 셀 – 외부 광전효과

» ANSWER

14.② 15.③

16 B급 푸시풀 증폭기의 장점이 아닌 것은?

① 큰 출력을 얻을 수 있다.

② 입력신호가 없을 때 전력손실이 매우 작다.

③ 출력파형의 일그러짐이 작아진다.

④ 동작점을 특성곡선의 중간영역에서 취한다.

🔊(Point) B급 푸시풀 증폭기의 동작점을 차단영역에서 취하기 때문에 교차 일그러짐이 생기고 이를 개선하기
위해 동작점의 위치를 약간 AB급 쪽으로 이동한다.

17 다음 그림과 같은 변조회로의 설명 중 옳지 않은 것은?

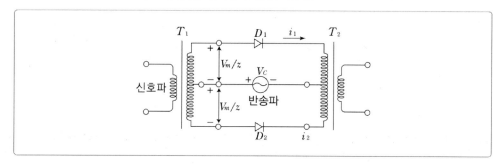

① 신호파가 입력되지 않은 경우 출력이 나타나지 않는다.

② 제곱 특성을 가진 다이오드에 의해 출력이 얻어진다.

③ 반송파 성분은 포함되어 있지 않다.

④ 반송파가 (−)인 경우 다이오드를 통해 전류가 흐른다.

🔊(Point) 다이오드 평형 변조회로를 나타낸 것이다.
반송파가 (−)인 경우 다이오드를 통해 전류가 흐를 수 있는 것은 링 평형 변조회로이다.

» ANSWER

16.④ 17.④

18 $R - L - C$ 직렬회로에 $t = 0$인 순간에 직류전압을 인가한다면 이 때의 2계 선형 미분방정식은 어떻게 표시되는가?

① $\dfrac{L}{R}\dfrac{d^2 i}{dt^2} + \dfrac{R}{L}\dfrac{di}{dt} + CRi = 0$

② $CR\dfrac{d^2 i}{dt^2} + \dfrac{R}{L}\dfrac{di}{dt} + i = 0$

③ $\dfrac{d^2 i}{dt^2} + \dfrac{R}{L}\dfrac{di}{dt} + \dfrac{1}{LC}i = 0$

④ $\dfrac{d^2 i}{dt^2} + \dfrac{R}{L}\dfrac{di}{dt} + 2i = 0$

(Point) $R - L - C$ 직렬회로에서 $t = 0$일 때의 키르히호프 제 2법칙은

$Ri + L\dfrac{di}{dt} + \dfrac{1}{C}\displaystyle\int i\,dt = 0$ 에서 t에 관해 미분하면

$R\dfrac{di}{dt} + L\dfrac{d^2 i}{dt^2} + \dfrac{1}{C}i = 0$ 에서 양변을 L로 나누면

$\dfrac{d^2 i}{dt^2} + \dfrac{R}{L}\dfrac{di}{dt} + \dfrac{1}{LC}i = 0$

19 인덕터 필터를 부가시킨 전파 정류회로는 인덕터 회로를 부가시키지 않은 전파 정류회로에 비해 맥동률이 몇 배 개선되는가?

① 1.52   ② 2.52

③ 4.52   ④ 5.52

(Point) 맥동률 $r = \dfrac{\text{교류 출력전압(실효값)}}{\text{직류 출력전압(평균값)}}$

$= \dfrac{\dfrac{1}{\sqrt{2}} \times \dfrac{4V_m}{3\pi} \times \dfrac{1}{\sqrt{R_L{}^2 + (2\omega L)^2}}}{\dfrac{2V_m}{\pi R_L}}$

$= \dfrac{2}{3\sqrt{2}} \times \dfrac{1}{\sqrt{1 + \left(2\omega \dfrac{L}{R_L}\right)^2}}$

$= \dfrac{2}{3\sqrt{2}} \times \dfrac{1}{\sqrt{1 + \left(4\pi \times 60 \times \dfrac{3}{10^3}\right)^2}} \fallingdotseq 0.191$ 이므로 $\dfrac{0.482}{0.191} \fallingdotseq 2.52$

» ANSWER

18.③   19.②

20 다음 그림과 같은 4단자망 영상전달정수 γ는?

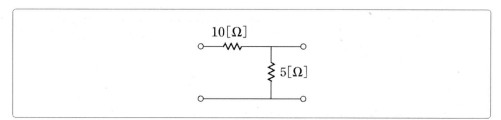

① 0.5

② 1

③ 2

④ 2.5

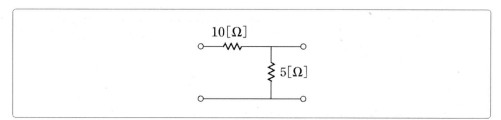

$$\begin{bmatrix} 1 & Z_1 \\ 0 & 1 \end{bmatrix}\begin{bmatrix} 1 & 0 \\ \dfrac{1}{Z_2} & 1 \end{bmatrix}=\begin{bmatrix} 1+\dfrac{Z_1}{Z_2} & Z_1 \\ \dfrac{1}{Z_2} & 1 \end{bmatrix}=\begin{bmatrix} 3 & 10 \\ \dfrac{1}{5} & 1 \end{bmatrix}$$

영상전달정수 $\gamma=\ln\left(\sqrt{AD}+\sqrt{BC}\right)$

$\qquad\qquad =\ln\left(\sqrt{3\times1}+\sqrt{10\times\dfrac{1}{5}}\,\right)=\ln\left(\sqrt{3}+\sqrt{2}\,\right)$

$\qquad\qquad =\ln\left(1.73+1.41\right)=\ln\left(3.14\right)$

$\qquad\qquad =1.14\fallingdotseq1$

1 홀 효과(Hall Effect)에 대한 설명으로 옳은 것은?

① 반도체 결정에 대한 압전 효과의 일종이다.

② 광도전 소자를 이용한다.

③ 전류와 자기장으로 기전력을 발생시키는 현상이다.

④ 빛과 자기장으로 기전력을 발생시키는 현상이다.

> (Point) 홀 효과(Hall Effect) … 자계 내에서 도체 또는 반도체에 전류를 흘리고 자계와 직각방향으로 놓으면 플레밍의 왼손 법칙에 의해 캐리어가 힘을 받아 한쪽으로 쏠리는 현상이다. 이때 P형과 N형의 극성이 반대가 된다. 따라서 전류와 자기장으로 기전력을 발생시킨다.
> ※ 압전 효과와 광전 효과
> ⊙ 압전 효과 : 일정한 방향에서 압력을 가하여 전류를 발생시킨다.
> ⓒ 광전 효과 : 광도전 소자를 이용하여 도체 또는 반도체에 빛을 쬐면 도전성이 좋아지는 현상이다.

2 N형 반도체의 불순물에 대한 설명으로 옳은 것은?

① N형 반도체의 불순물을 억셉터(Acceptor)라 한다.

② B, Ga, Al 등이 불순물로 쓰인다.

③ 과잉 전자를 만든다.

④ 3가의 원소를 사용한다.

> (Point) N형 반도체 … 전자의 수를 늘리기 위해 불순물을 주입하며, 이때 주입하는 불순물을 도너(Donor)라 한다. 주로 5가의 불순물인 N(질소), P(인), As(비소), Sb(안티몬), Bi(비스무트) 등을 사용한다.

>> ANSWER

1.③ 2.③

3 그림과 같은 이상적인 발진기에서 발진 주파수를 결정하는 소자는?

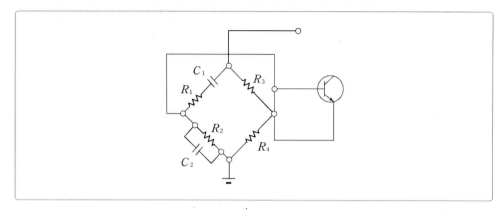

① R_3, R_4, C_1, C_2

② C_1, C_2, R_1, R_2

③ C_1, R_1, R_2, R_3

④ C_1, R_1

Point 빈 브리지회로의 주파수 $f = \dfrac{1}{2\pi\sqrt{C_1 C_2 R_1 R_2}}$ 이므로 발진 주파수는 C_1, C_2, R_1, R_2에 의해 결정된다.

4 다음 중 압전 현상을 이용한 발진기로 송수신기나 표준용의 측정기 등에 사용하는 것은?

① 하틀리 발진회로　　　　　　② 콜피츠 발진회로

③ 브리지 발진회로　　　　　　④ 수정 발진회로

Point 압전 현상 ⋯ 수정에 기계적인 압력을 가하면 표면에 전하가 나타나 전압이 발생하고 외부에서 전하를 갖도록 전장을 가하면 기계적인 변형을 일으키는 현상이다.

※ 발진회로의 종류

　㉠ LC 발진회로 : 하틀리 발진회로, 콜피츠 발진회로

　㉡ RC 발진회로 : 브리지형 발진회로

　㉢ 수정 발진회로 : 수정 진동자의 압전 효과를 이용한 것으로 발전 주파수가 매우 안정적이며, LC 발진회로의 코일 대신 수정 진동자의 유도성 부분을 이용하여 구성한다.

5 수정 발진기에서 안정한 발진을 유지할 수 있는 주파수의 범위는? (단, 수정 공진자만의 직렬공진 주파수 : f_s, 홀더 용량을 포함한 병렬공진 주파수 : f_p)

① $f < f_s < f_p$

② $f_s < f < f_p$

③ $f_s < f_p < f$

④ $f_p < f < f_s$

> **(Point)** 수정 발진기의 유도성 … 수정의 전기적인 등가회로에서 직렬공진과 병렬공진 특성이 다같이 유도성이 되는 좁은 범위 내에서 안정한 발진을 계속 유지할 수 있다.
>
>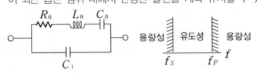
>
> $f_s < f < f_p$ (f_s : 직렬공진 주파수, f_p : 병렬공진 주파수)

6 진폭 변조에서 변조를 깊게 하면 나타나는 현상으로 옳은 것은?

① 반송파가 커진다.

② 대역폭이 넓어진다.

③ 대역폭이 좁아진다.

④ 변조파의 주파수 특성이 좋아진다.

> **(Point)** 변조도의 깊고 얕음에 대하여 반송파는 무관하며 변조파 전력, 출력파형, 대역폭 등에 관계가 된다. 100% 이상 변조를 했을 때를 과변조라고 하는데, 과변조 상태가 되면 대역폭이 넓어지고 변조파형의 일부가 어느 구간에서 잘려 일그러짐이 발생한다. 변조를 깊게 하면 검파된 저주파 출력은 커지게 된다.

» ANSWER

5.② 6.②

7 PNP형의 베이스 접지회로의 전류 증폭률(α)은?

① $\alpha = \dfrac{\Delta I_C}{\Delta I_B}$

② $\alpha = \dfrac{\Delta I_E}{\Delta I_C}$

③ $\alpha = \dfrac{\Delta I_B}{\Delta I_C}$

④ $\alpha = \dfrac{\Delta I_C}{\Delta I_E}$

📢 **Point** V_{CB}가 일정할 때 베이스 접지회로의 전류 증폭률 $\alpha = \dfrac{\Delta I_C}{\Delta I_E}$ 이다.

8 최대 효율을 얻기 위한 발진기는 일반적으로 어느 급 동작방식을 택하는가?

① A급   ② AB급

③ B급   ④ C급

📢 **Point** 발진기의 효율은 C급이 78.5% 이상으로 가장 높다.

» ANSWER

7.④ 8.④

9 다음 그림에서 피변조파의 변조도는?

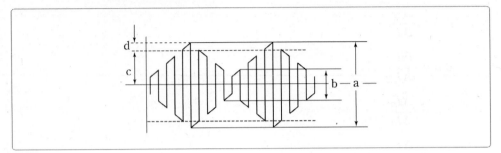

① $\dfrac{b}{a}$

② $\dfrac{a-b}{a}$

③ $\dfrac{a-b}{a+b}$

④ $\dfrac{b-a}{a+b}$

Point

$$m_a = \frac{\text{변조파 진폭}}{\text{반송파 진폭}} = \frac{d}{c} = \frac{\dfrac{a-b}{4}}{\dfrac{a+b}{4}} = \frac{a-b}{a+b}$$

≫ ANSWER

9.③

10 그림에서 입력단자에 V_i과 같은 구형 파형을 가했을 때 출력단자(콘덴서 C)의 양단에 나타나는 V_o의 파형은?

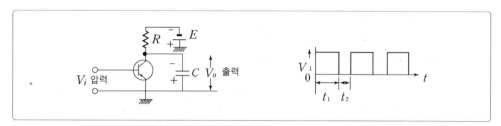

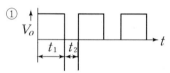

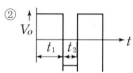

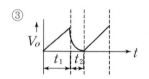

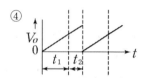

> 📢(Point) 톱날파 발생회로로 V_i 단자에 (+)펄스가 가해지면 TR은 off상태가 되어 C에는 전압이 R을 통하여 t_1의 기간 동안 충전된다. V_i의 입력펄스가 0으로 되는 t_2 기간에는 C에 충전되었던 전압에 의해 TR은 on상태가 되어 방전되므로 톱날파가 발생한다.

11 반도체의 결정구조를 이루고 있는 결합방법으로 옳은 것은?

① 공유결합
② 이온결합
③ 금속결합
④ Van der Waals 결합

> 📢(Point) 각 원자는 인접한 4개의 원자와 더불어 8개의 공유결합으로 안정한 상태를 이루고 있다.

12 N형 반도체에서 $n_n = 1.5 \times 10^{19}$[개/cm³], $\mu_n = 100$[m2/Vs]일 때 도전율 σ는 얼마인가?

① 160.2[Ω^{-1}/m]

② 240.3[Ω^{-1}/m]

③ 320.4[Ω^{-1}/m]

④ 480.6[Ω^{-1}/m]

📣 (Point) N형 반도체이므로 전자에 의한 도전율만 고려하면,

도전율 $\sigma = n_n \mu_n e = 1.5 \times 10^{19} \times 10^2 \times 1.602 \times 10^{-19} = 2.403 \times 10^2 [\Omega^{-1}/m]$

13 다음 중 아날로그 신호를 PCM 신호로 변조하는 순서를 옳게 나타낸 것은?

① 표본화 − 부호화 − 양자화

② 부호화 − 양자화 − 표본화

③ 표본화 − 양자화 − 부호화

④ 부호화 − 표본화 − 양자화

📣 (Point) PCM 방식 ⋯ 펄스 부호 변조, 신호파로부터 표본화(Sampling ; 신호파에서 일정한 시간 간격마다 신호파의 진폭에 비례하는 펄스 진폭을 꺼내는 것)하여 이를 양자화(표본화 펄스를 임의의 기준값의 정수배가 되는 다수의 펄스 크기로 분할하는 것)한 후, 이 각각의 펄스 진폭이 부호화(양자화된 펄스)되는 변조방식이다.

※ 펄스 부호 변조회로의 구성도 ⋯ 신호파 → 표본화 → 양자화 → 부호화 → PCM파

14 전파 정류회로의 맥동률은?

① 0.482

② 1.212

③ 1.571

④ 11.11

📢 Point 정류회로의 맥동률
  ㉠ 전파 정류회로 : 0.482
  ㉡ 반파 정류회로 : 1.21
  ㉢ 브리지 정류회로 : 0.482

15 신호 레벨을 일정한 계단파에 근사화시켜 레벨이 커져 갈 때에는 양의 펄스로 바꾸고, 작아져 갈 때에는 음의 펄스로 바꾸는 변조방식은?

① PAM

② PWM

③ PPM

④ ΔM

📢 Point 펄스 변조회로의 종류
  ㉠ 연속 레벨 변조
    • PAM : 신호파의 진폭으로 펄스파의 진폭을 변화
    • PWM : 신호파의 진폭으로 펄스의 폭을 변화
    • PPM : 신호파의 진폭으로 펄스위상을 변화
    • PFM : 신호파의 진폭으로 펄스 주파수를 변화
  ㉡ 불연속 레벨 변조
    • PNM : 신호파의 진폭을 일정 시간 내의 펄스 수로 변화
    • PCM : 신호파의 진폭을 일정 시간 내의 펄스 열로 변화
    • ΔM : 신호파를 계란파로 근사화시켜 증가할 경우 양의 펄스, 감소할 경우 음의 펄스를 발생시켜 변화

16 RLC 직렬공진에 대한 설명 중 옳지 않은 것은?

① 임피던스가 최대가 되어 전류는 최소로 흐른다.

② 전압과 전류의 위상은 동상이다.

③ 각 소자 양단의 전압은 인가전압보다 클 수 있다.

④ 선택도는 $\dfrac{\omega L}{R}$로 계산한다.

> **Point** 직렬공진시 임피던스가 최소가 되므로 전류는 최대로 흐른다.
>
> RLC 직렬회로의 임피던스 $Z=R+j\left(\omega L-\dfrac{1}{\omega C}\right)$에서 공진시 $\omega L=\dfrac{1}{\omega C}$이 되므로 $Z=R$이 된다.
>
> $I=\dfrac{V}{R}$에서 R이 최소가 되므로 전류 I는 최대로 흐른다. 이를 이상적인 공진회로라 하고 전압과 전류는 동위상이 된다.

17 컬렉터 변조에 대한 설명으로 옳지 않은 것은?

① 피변조석의 컬렉터 전압에 변조파를 가하여 변조를 행한다.

② 이것은 진공관회로의 그리드 변조에 대응한다.

③ 베이스 변조에 비하여 왜율이 적고 효율도 좋다.

④ 동작은 변조 전압을 가하면 컬렉터 전압이 변화하여 컬렉터 전류가 변화하므로 변조가 적다.

> **Point** 컬렉터 변조
>
>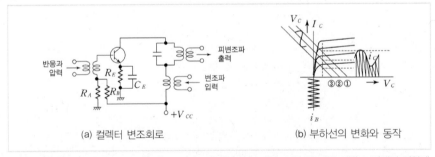
>
> (a) 컬렉터 변조회로   (b) 부하선의 변화와 동작
>
> ㉠ 컬렉터 변조는 진공판 회로의 플레이트 변조에 해당된다. 베이스에 반송파를 가하고 컬렉터 전압에 변조파를 가하면 그림 (b)의 V_c-I_c 곡선에서 변조파를 가함에 따라 컬렉터 전압이 변화하고 부하 곡선이 ①②③으로 변화하여 컬렉터 전류가 변화하므로 동조회로를 넣어 피변조파를 꺼낸다.
>
> ㉡ 피변조석은 B급 또는 C급으로 동작을 하게 된다. B급으로 동작시키려면 R_A 대신 코일 L을 넣으면 되고, C급으로 동작시키려면 R_B를 제거하고 R_A의 되먹임회로에 의해서 정(+)의 바이어스를 걸면 된다.

» ANSWER

16.①   17.②

18 다음 중 아날로그 변조방식이 아닌 것은?

① FM

② AM

③ PCM

④ PM

> **(Point)** PCM은 펄스 변조방식에 해당한다.
>
> ※ 변조의 종류
>
> ㉠ 아날로그 변조
> - AM(진폭 변조)
> - FM(주파수 변조)
> - PM(위상 변조)
>
> ㉡ 펄스 변조
> - PAM(펄스 진폭 변조)
> - PWM(펄스 폭 변조)
> - PPM(펄스 위상 변조)
> - PNM(펄스 수 변조)
> - PCM(펄스 코드 변조)
> - ΔM(델타 변조)
>
> ㉢ 디지털 변조
> - ASK(진폭 변이 변조)
> - FSK(주파수 변이 변조)
> - PSK(위상 변이 변조)

19 다음 회로에서 출력전압(V_o)은?

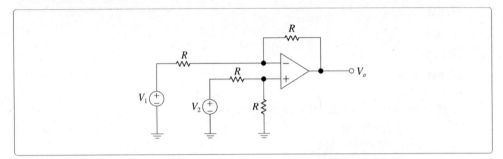

① $2V_2 - V_1$

② $V_1 - V_2$

③ $V_2 - V_1$

④ $\dfrac{V_1 - V_2}{2}$

Point 출력전압 $V_o = \dfrac{R_f}{R_1}(V_2 - V_1)$ 에서

$\qquad\qquad = \dfrac{R}{R}(V_2 - V_1)$

$\qquad\qquad = V_2 - V_1$

$\qquad \therefore V_o = V_2 - V_1$

≫ ANSWER

19.③

20 수신 주파수를 받아 수신기 내의 국부 발진 출력을 혼합 검파하여 두 주파수의 차에 해당하는 주파수를 꺼내는 검파방식은?

① 재생 검파

② 직선 검파

③ 제곱 검파

④ 헤테로다인 검파

📢 **Point** FET 타려식 헤테로다인 검파회로 … 혼합석 Q_1 의 게이트에 입력 피변조파와 국부 발진석 Q_2의 발진신호를 동시에 가하여 Q_1 의 비직선 특성에 의하여 출력측에서 두 주파수의 차인 중간 주파수를 꺼내게 된다. Q_2 의 국부 발진회로는 하틀리회로이며, 유도결합에 의해 혼합석 Q_1 의 베이스에 전류를 공급하고 있다.

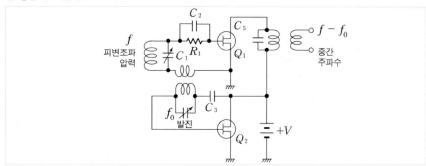

》 ANSWER

20.④

1 다음 중 전자가 존재하는 에너지대인 허용대가 아닌 것은?

① 충만대

② 공핍대

③ 전도대

④ 금지대

Point 에너지대(Energy Band)

㉠ 금지대(Forbidden Band), 에너지 갭(Energy Gap) : 전자가 들어갈 수 없는 에너지대

㉡ 허용대(Allowable Band) : 전자가 들어갈 수 있는 에너지대

• 충만대(Filled Band), 가전자대(Valence Band) : 전자가 꽉 차 있으며 전자가 이동할 수 없는 허용대

• 전도대(Conduction Band) : 전자가 원자 사이를 이동할 수 있는 허용대

• 공핍대(Empty Band) : 전자에 에너지를 가해주면 들어갈 수 있으나 보통의 상태에서는 전자가 존재하지 않는 허용대

2 금속과 반도체에서 온도가 상승했을 때의 저항률에 대한 설명으로 옳은 것은?

① 금속은 전자가 많아지므로 저항값이 증가한다.

② 금속은 충돌횟수가 많아지므로 저항값이 감소한다.

③ 반도체는 반송자의 수가 증가하므로 저항값이 증가한다.

④ 반도체는 충돌횟수보다 반송자의 수가 증가하므로 저항값이 감소한다.

Point 금속은 온도가 상승하더라도 그다지 전자수가 많아지지 않고 충돌만 늘어나므로 저항값이 증가하고, 반도체에서는 충돌횟수를 능가하는 전자가 생기므로 저항값이 감소한다.

>> ANSWER

1.④ 2.④

3 디엠퍼시스회로에 대한 설명으로 옳은 것은?

① 송신측에서 고역 주파수를 강조하기 위한 회로이다.

② 수신측에서 고역 주파수 특성을 낮추기 위한 회로이다.

③ 주파수 특성의 평탄한 부분을 넓히기 위한 보상회로이다.

④ 진폭 제한작용을 하는 회로의 일종이다.

📢(Point) 디엠퍼시스회로 … FM 수신기에서 고음특성을 저하시켜 S/N을 개선시키는 회로이다. FM 방식은 변조지수가 신호파 주파수에 반비례하여 작아지므로 송신기에서 프리엠퍼시스회로를 사용하여 고음을 강조해 주고 수신측에서는 디엠퍼시스를 사용하여 고음을 송신측에서 높인 만큼 억제시켜 고음에서의 S/N의 저하를 방지한다.

4 다음은 펄스파를 확대한 것이다. a를 나타내는 용어는?

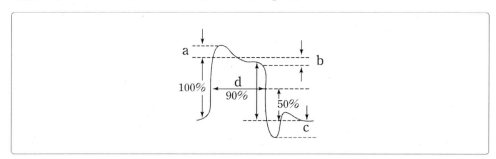

① 언더슈트

② 스파이크

③ 오버슈트

④ 새그

📢(Point) 오버슈트 … 상승파형에서 이상적 펄스파의 진폭 V보다 높은 부분의 높이를 말한다.

5 RC 적분회로에서 입력전압이 구형파일 때 출력파형은? (단, 회로의 시정수는 입력파형의 주기보다 크다)

①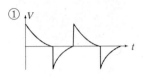

②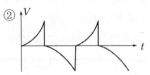

③

④

📢 **Point** 적분회로의 출력파형

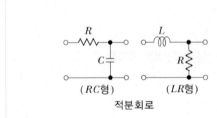

적분회로

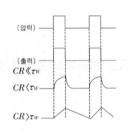

>> ANSWER

5.③

6 그림과 같은 회로에서 SW를 1에 연결하였을 때 전류 i의 관계식은?

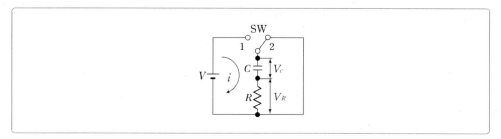

① $i = \dfrac{V}{R}\left(1 - e^{\frac{t}{RC}}\right)$

② $i = \dfrac{V}{R}\left(1 - e^{-\frac{t}{RC}}\right)$

③ $i = \dfrac{V}{R}e^{\frac{t}{RC}}$

④ $i = \dfrac{V}{R}e^{-\frac{t}{RC}}$

📢 Point 충전특성식에서 $i = \dfrac{V}{R}\left(1 - e^{-\frac{t}{RC}}\right)$

$V_c = V\left(1 - e^{-\frac{t}{RC}}\right)$

7 다음 중 발진의 안정조건이 아닌 것은?

① 발진회로를 일정한 온도의 항온조 안에 넣는다.

② 전원 안정화회로를 사용한다.

③ 완충 증폭기를 넣는다.

④ 양극전류가 최소가 되도록 조절한다.

📢 Point 발진의 안정조건
ⓐ 부하의 변화 : A급 증폭단인 완충 증폭기를 넣는다.
ⓑ 주위 온도의 변화 : 발진회로를 온도가 일정한 항온조 안에 넣거나 온도 보상회로를 추가한다.
ⓒ 전원전압의 변화 : 전원 안정화회로를 써서 전압의 안정도를 높인다.
ⓓ 능동소자의 상수 변화 : 전원, 온도에 의한 변동이므로 ⓑⓒ의 조치로 해결한다.

≫ ANSWER
6.② 7.④

8 다음 그림은 멀티바이브레이터의 일종이다. 이 회로에 대한 설명으로 옳은 것은?

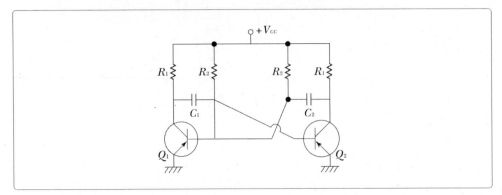

① Q_1, Q_2가 C_1, C_2와 결합되어 있으므로 어느 트랜지스터도 영원히 도통, 차단상태로 될 수 없으며 스스로 상태천이를 되풀이한다.

② 트리거 펄스 1개가 들어오면 안정상태에서 즉시 불안정상태로 되며, 주어진 주기 동안 머물고 다시 원래의 안정상태로 돌아온다.

③ 외부로부터 트리거 펄스가 들어올 때마다 두 개의 안정, 불안정상태를 교대로 옮겨 다니며, 외부의 트리거 펄스가 없으면 안정상태를 계속 유지한다.

④ 입력전압값이 일정값 이상이 되면 펄스가 상승하고 일정값 이하가 되면 펄스가 하강한다.

(Point) 비안정 멀티바이브레이터 … 안정상태가 없으며 외부 트리거 없이 Q_1이 on이면 Q_2는 off이고, Q_1이 off이면 Q_2가 on이 되는 2개의 준안정상태가 되며 이것은 일정한 주기로 되풀이된다.

9 SCR의 용도가 아닌 것은?

① 위상제어

② 톱니파 발생회로

③ 증폭기

④ 조명제어

(Point) 톱니파 발생회로의 소자로는 SCR, UJT, 스위칭 트랜지스터 등이 있다.

※ SCR(실리콘 정류기)의 용도

ⓐ 위상제어

ⓑ 조명 조광장치

ⓒ 펄스회로

ⓓ 릴레이 베어회로

≫ ANSWER

8.① 9.③

10 다음 그림은 AM 변조된 DSB−LC(Double−Side−Band Large−Carrier) 파형이다. 변조지수(modulation index)를 m이라 하고, 총 송신 전력 중 캐리어가 차지하는 전력의 비율을 R이라고 할 때, m과 R을 구하면? (단, 그림에서 캐리어 주파수는 신호보다 매우 높다고 가정한다)

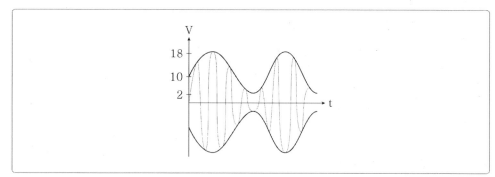

	m	R
①	0.8	$\dfrac{2}{m^2+2}$
②	1.6	$\dfrac{2}{m^2+2}$
③	0.8	$\dfrac{m^2}{m^2+2}$
④	1.6	$\dfrac{m^2}{m^2+2}$

🔊 Point 변조지수 m은 $m = \dfrac{A-B}{A+B} \times 100 = \dfrac{36-4}{36+4} \times 100 = \dfrac{32}{40} \times 100 = 0.8$

$R = \dfrac{2}{m^2+2}$

11 다음 중 불순물이 섞이지 않은 반도체는?

① 불순물 반도체

② 진성 반도체

③ P형 반도체

④ N형 반도체

📢(Point) 진성 반도체 ⋯ 순도 99.9% 정도로 불순물이 섞이지 않은 반도체를 말한다.

③④ 전도성을 좋게 하기 위해 진성 반도체에 불순물을 첨가한 불순물 반도체이다.

12 다음 클리핑회로에서 나타나는 출력파형으로 옳은 것은?

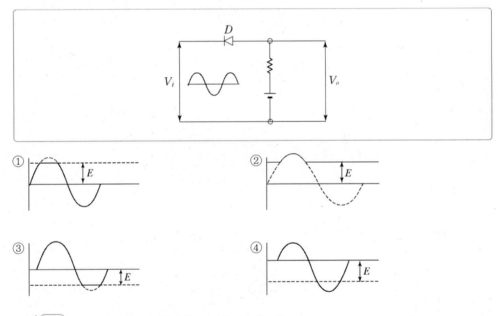

📢(Point) 피크 클리핑회로로 파형의 윗부분만을 잘라내는 회로이다.

13 발광다이오드(LED)에 대한 설명으로 옳지 않은 것으로만 묶인 것은?

> ㉠ 발광다이오드는 금속−반도체 접합으로써, 금속으로는 몰리브텐, 백금 등이 사용되고 반도체로는 실리콘, 갈륨비소 등이 사용된다.
> ㉡ 발광다이오드도 pn 접합 소자의 일종으로 역방향으로 바이어스 될 때 실리콘 반도체 내 접합 부근에서 정공과 전자가 재결합하여 빛 에너지가 발산하게 된다.
> ㉢ 발광다이오드는 빛을 전기적신호로 변환하는 포토다이오드와 반대되는 기능을 한다.
> ㉣ 발광되는 빛은 정공과 전자의 재결합 양에 따라서 비례하고 재결합되는 양은 다이오드의 순방향 전류에 비례한다.

① ㉠㉡
② ㉡㉢
③ ㉢㉣
④ ㉠㉢

🔊 (Point) 발광다이오드(LED)는 p형 반도체−n형 반도체의 접합이다.
발광다이오드(LED)도 pn접합 소자의 일종으로 순방향으로 바이어스 될 때 에너지가 발산하여 빛으로 나타나며, 역방향으로 바이어스되면 전기 저항이 매우 커져서 전류가 거의 흐르지 않아 차단(OFF) 상태가 된다.

14 그림과 같은 회로에서 입력에 정현파를 인가했을 때 출력파형은 어떻게 되는가? (단, $E_1 > E$)

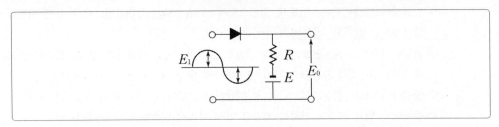

① 위가 잘린다.　　　　　　　　　　　② 아래가 잘린다.

③ 아래 위가 잘린다.　　　　　　　　　④ 아래가 볼록해진다.

> **Point** 그림은 입력파형의 아랫 부분을 잘라내는 베이스 클리핑회로이기 때문에 정현파 입력이 가해졌을
> 때 나타나는 출력파형은 다음과 같다.

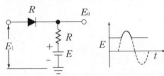

15 다음 회로의 합성용량은?

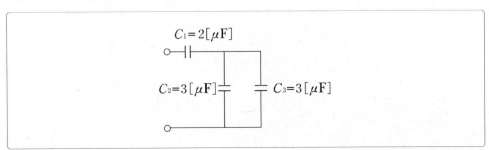

① $0.8[\mu F]$　　　　　　　　　　　　② $1.5[\mu F]$

③ $2[\mu F]$　　　　　　　　　　　　　④ $4[\mu F]$

> **Point** C_2와 C_3는 병렬이므로 $C_t = C_2 + C_3 = 3 + 3 = 6[\mu F]$
>
> $$C_T = \frac{C_1 C_t}{C_1 + C_t} = \frac{2 \times 6}{2 + 6} = \frac{12}{8} = 1.5[\mu F]$$

>> ANSWER

14.② 15.②

16 다음 그림의 회로에서 R_2과 R_3에 흐르는 전류를 각각 구하면 얼마인가?

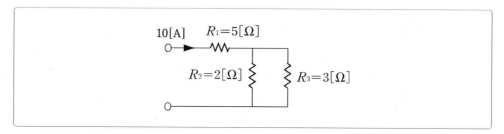

① $R_2 = 6[A]$, $R_3 = 4[A]$

② $R_2 = 6[A]$, $R_3 = 10[A]$

③ $R_2 = 0[A]$, $R_3 = 10[A]$

④ $R_2 = 10[A]$, $R_3 = 10[A]$

Point
$$R_2 = I\frac{R_3}{R_2 + R_3} = 10 \times \frac{3}{5} = 6[A]$$
$$R_3 = I\frac{R_2}{R_2 + R_3} = 10 \times \frac{2}{5} = 4[A]$$

17 다음 회로의 코일에 걸리는 전압은 얼마인가?

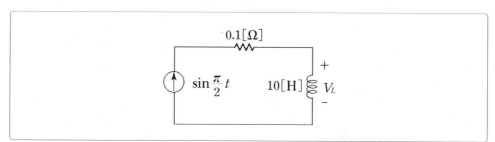

① $5\pi\cos\frac{\pi}{2}t[V]$

② $10\pi\cos\frac{\pi}{2}t[V]$

③ $15\pi\cos\frac{\pi}{2}t[V]$

④ $20\pi\cos\frac{\pi}{2}t[V]$

Point
$$V_L = L\frac{di}{dt} = 10 \times \frac{d}{dt}\left(\sin\frac{\pi}{2}t\right) = 10 \times \frac{\pi}{2}\cos\frac{\pi}{2}t = 5\pi\cos\frac{\pi}{2}t[V]$$

18 다음 중 주파수 변조회로에 해당하지 않는 것은?

① 콘덴서 마이크로폰을 사용하는 방법

② 가변저항 다이오드를 사용하는 방법

③ 리액턴스만을 사용하는 방법

④ 위상변조에 의한 간접법

(Point) ② 가변저항 다이오드가 아니라 가변용량 다이오드를 사용해야 한다.
※ 주파수 변조회로
　⑦ 직접 FM 변조회로
　• 가변용량 다이오드를 사용한 변조회로
　• 리액턴스 트랜지스터를 사용한 변조회로
　• 콘덴서 마이크로폰을 사용한 변조회로
　ⓛ 간접 FM 변조회로
　• 전치 보정회로(Pre-distortor)
　• PM 변조회로

19 테브난 정리를 이용하여 다음 회로를 단순화할 때, 테브난 전압(V_{TH}) [V]과 테브난 저항(R_{TH}) 값[kΩ]은?

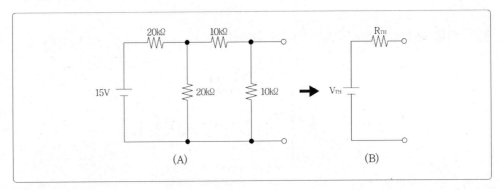

	V_{TH}	R_{TH}
①	2.5	20/3
②	2.5	10
③	5	20/3
④	5	0

🔊 Point

$$V_{TH} = V_{10K\Omega} = 15 \times \cfrac{10}{20 + \left\{ \cfrac{20 \times (10+10)}{20 + (10+10)} \right\}} \times \cfrac{10}{10+10} = 15 \times \cfrac{10}{30} \times \cfrac{10}{20} = 2.5[\text{V}]$$

$$R_{TH} = \cfrac{\left(\cfrac{20 \times 20}{20+20} + 10 \right) \times 10}{\left(\cfrac{20 \times 20}{20+20} + 10 \right) + 10} = \cfrac{20}{3}$$

20 다음과 같은 회로에서 $R_1 = 10[\text{k}\Omega]$, $R_2 = 250[\text{k}\Omega]$일 때 출력전압 $V_o[\text{V}]$는? (단, 입력전압 = 0.5[V])

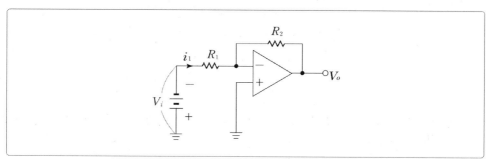

① 2.5

② 5

③ 6.5

④ 12.5

🔊 Point

반전 증폭기이므로 $\dfrac{V_i}{R_1} = -\dfrac{V_o}{R_2}$, $V_o = -\dfrac{R_2}{R_1} V_i = -\dfrac{250}{10} \times -0.5 = 12.5[\text{V}]$

≫ ANSWER

20.④

1 P형 반도체에 대한 설명으로 옳은 것은?

① 진성 반도체에 자유전자를 증가시키기 위해 불순물을 첨가한 것이다.

② 다수 캐리어는 홀이고 소수 캐리어는 전자이다.

③ 5가의 원소로 가전자를 만든다.

④ 도너 준위는 전도대보다 조금 낮은 곳에 위치한다.

　(Point) ①③④ N형 반도체에 대한 설명이다.

　　※ P형 반도체

　　　㉠ 진성 반도체에 홀을 증가시키기 위해 불순물을 첨가한 것이다.

　　　㉡ 3가의 원자를 혼합해 인공적으로 홀을 만든다.

　　　㉢ 억셉터 준위는 충만대보다 조금 높은 곳에 위치한다.

2 중계용 증폭기에서 입력전압의 S/N비가 40, 출력전압의 S/N비가 8이었다면 이 증폭기의 잡음지수는?

① 5[dB]

② −50[dB]

③ 10[dB]

④ −100[dB]

　(Point) 잡음지수(F) … 증폭회로의 잡음 특성의 양부를 판정하는 기준으로 쓰이며 다음과 같이 구한다.

$$F = \frac{\text{입력에서의 신호전압과 잡음전압의 비}}{\text{출력에서의 신호전압과 잡음전압의 비}}$$

$$F = \frac{40}{8} = 5[dB]$$

» ANSWER

1.② 2.①

3 전원 주파수가 일정할 때 다음 그림과 같은 휘스톤 브리지회로에 교류전압을 인가하였다. 이때 평형 조건으로 옳은 것은?

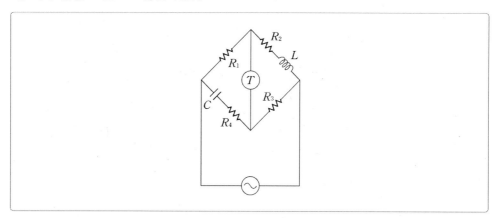

① $R_1R_3 + R_2R_4 = \dfrac{L}{C}$, $\omega^2 LC = \dfrac{R_4}{R_2}$

② $R_1R_3 - R_2R_4 = \dfrac{L}{C}$, $\omega^2 LC = \dfrac{R_4}{R_2}$

③ $R_1R_3 + R_2R_4 = \dfrac{L}{C}$, $\dfrac{1}{\omega^2 LC} = \dfrac{R_4}{R_2}$

④ $R_1R_3 - R_2R_4 = \dfrac{L}{C}$, $\dfrac{1}{\omega^2 LC} = \dfrac{R_4}{R_2}$

Point 평형이 되려면 마주보는 저항이 같으면 된다.

$$R_1R_3 = \left(R_2 + j\omega L\right)\left(R_4 + j\dfrac{1}{\omega C}\right) = \left(R_2R_4 + \dfrac{L}{C}\right) + j\left(\omega LR_4 - \dfrac{R_2}{\omega C}\right)$$

$$R_1R_3 - R_2R_4 = \dfrac{L}{C}, \quad \dfrac{1}{\omega^2 LC} = \dfrac{R_4}{R_2} \text{ 이다.}$$

4 다음 회로에서 R_2에 흐르는 전류 i는 몇 [A]인가?

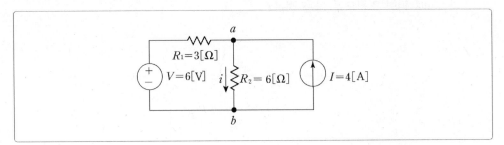

① 1[A]

② 2[A]

③ 3[A]

④ 4[A]

🔊 Point 중첩의 원리 … 회로 내의 임의의 점의 전류 또는 임의의 두 점간의 전압을 해석할 때 나머지 전원은 제거하고 각각의 전원에 대해 해석한다. 즉, 전압원은 달락하고 전류원은 개방한다.

전류원 개방 $i' = \dfrac{V}{R} = \dfrac{6}{9}$ [A]

전압원 단락 $i'' = i \times \dfrac{R_1}{R_1 + R_2} = 4 \times \dfrac{3}{3+6} = \dfrac{12}{9}$ [A]

따라서 $i = i' + i'' = \dfrac{6}{9} + \dfrac{12}{9} = \dfrac{18}{9} = 2$[A]

» ANSWER

4.②

5 그림과 같은 단일 임피던스의 4단자 정수는?

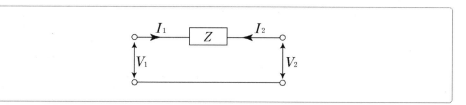

① $A=0$, $B=0$, $C=0$, $D=Z$

② $A=1$, $B=1$, $C=0$, $D=Z$

③ $A=1$, $B=Z$, $C=0$, $D=0$

④ $A=1$, $B=Z$, $C=0$, $D=1$

▶ (Point)

$A = \left. \dfrac{V_1}{V_2} \right|_{(I_2=0)} = \dfrac{V_1}{V_1} = 1$

$B = \left. \dfrac{V_1}{I_2} \right|_{(V_2=0)} = \dfrac{I_2 Z}{I_2} = Z$

$C = \left. \dfrac{I_1}{V_2} \right|_{(I_2=0)} = \dfrac{0}{V_2} = 0$

$D = \left. \dfrac{I_1}{I_2} \right|_{(V_2=0)} = \dfrac{I_1}{I_1} = 1$

6 RLC회로에서 용량 리액턴스로 작용할 때 전압의 위상차는?

① 전류보다 $\dfrac{\pi}{2}$ 앞선다.

② 전류보다 $\dfrac{\pi}{2}$ 뒤진다.

③ 전류보다 π 앞선다.

④ 전류보다 π 뒤진다.

▶ (Point) 용량 리액턴스로 작용을 하면 $\omega L < \dfrac{1}{\omega C}$ 이므로 전류는 전압에 비해 $\dfrac{\pi}{2}$[rad] 앞선다.

7 다음 발진기의 명칭은?

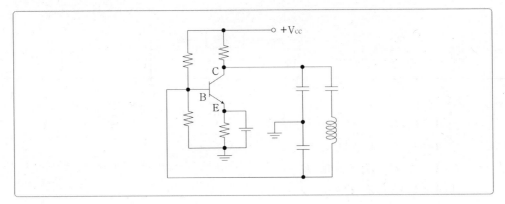

① 클랩 발진기
② 콜핏츠 발진기
③ 하틀리 발진기
④ 이완 발진기

 (Point) 클랩 발진기는 콜피츠 발진기의 인덕터에 커패시터가 직렬로 추기된 것이다.

8 FM 변조방식의 특징으로 옳은 것은?

① 점유 주파수 대역폭이 넓다.
② 레벨의 변동 영향이 적다.
③ Echo 및 Fading의 영향이 적다.
④ 잡음지수(S/N)가 개선된다.

 (Point) FM 변조방식의 특징
　　㉠ 잡음을 AM보다 감소시킬 수 있다.
　　㉡ 수신의 충실도를 향상시킬 수 있다.
　　㉢ 점유 주파수 대역폭이 크다.
　　㉣ 단파대역에 적합하지 않으며 약전계 통신에 적합하다.
　　㉤ 기기의 구성이 복잡하다.
　　㉥ 주파수 대역을 넓게 취할 수 있는 VHF 대역을 이용한다.
　　㉦ S/N비가 개선된다.

>> ANSWER

7.① 8.①

9 다음 그림에서 출력신호의 값이 1이 되는 입력신호 X와 Y의 값은?

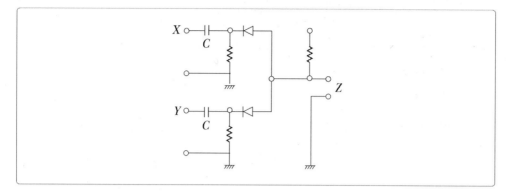

① $X = 0$, $Y = 0$

② $X = 1$, $Y = 0$

③ $X = 0$, $Y = 1$

④ $X = 1$, $Y = 1$

🔊 **Point** 그림은 AND 게이트(논리곱회로)로 X, Y가 모두 0이면 출력은 1이 되고, 두 입력 모두 혹은 어느 한쪽이 0이면 출력은 0이 된다.

10 다음 논리함수 $Y = AB + A\overline{B} + \overline{A}B$를 간소화한 것은?

① $A + B$

② $\overline{A} + \overline{B}$

③ $(A + \overline{A}) + (B\overline{B})$

④ $(AB + A\overline{B})(AB + \overline{A}B)$

🔊 **Point** $Y = AB + A\overline{B} + \overline{A}B = A(B + \overline{B}) + \overline{A}B = A + \overline{A}B = (A + \overline{A})(A + B) = A + B$

>> ANSWER

9.④ 10.①

11 다음 중 2종의 반도체를 둥근 모양으로 접속하고 접속한 두 점 사이에 온도차를 주면 기전력이 발생하여 전류가 흐르는 현상은?

① 홀 효과

② 광도전 효과

③ 펠티어 효과

④ 제어벡 효과

> **Point** ① 자계 내에서 반도체에 전류를 흘리며 자계와 직각방향으로 놓으면 플레밍의 왼손법칙에 의해 캐리어가 힘을 받아 한쪽으로 쏠리는 현상이다.
> ② 반도체 내에 빛을 쪼이면 캐리어의 수가 증가해 도전성이 좋아지는 현상이다.
> ③ 종류가 다른 반도체를 접속하여 폐회를 만들어 전류를 흘리면 각 접점에서 열이 흡수 또는 발생하는 현상이다.

12 RS 플립플롭회로의 동작에서 $R = 1$, $S = 1$을 입력하였을 때 출력 Q는?

① 0

② Set

③ Reset

④ 부정

> **Point** RS 플립플롭 … 2개의 NOR 게이트 혹은 2개의 NAND 게이트로 구성되며 응용범위가 넓고 집적회로화되는 플립플롭이다.
> ※ NOR 회로로 구성된 RS 플립플롭

S	R	Q_{n+1}
0	0	Q_n
0	1	0
1	0	1
1	1	불확정

>> ANSWER
11.④ 12.④

PART 03. 전자공학

13 다음 논리회로는 무엇인가?

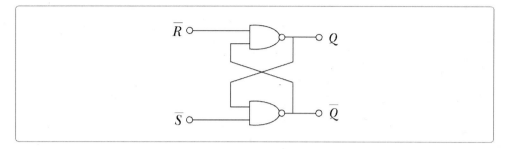

① Inhibit

② 단안정 멀티바이브레이터

③ 플립플롭

④ 배타 논리합회로

(Point) NAND로 구성된 RS 플립플롭이다.

※ 트리거 신호가 가해지면 비안정상태로 이행하고, 정해진 시간 경과 후에 안정상태로 복귀한다.
이것을 이용하여 일정 폭의 펄스 출력을 얻을 수 있다.

※ EOR회로(배타 논리합회로)

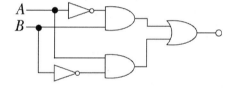

≫ ANSWER

13.③

14 다음 그림과 같은 전자 부품의 명칭은?

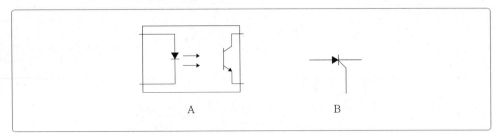

	A	B
①	포토트랜지스터	사이리스터
②	포토트랜지스터	트라이악
③	포토커플러	사이리스터
④	포토다이오드	트라이악

Point 포토커플러는 발광 소자와 수광 소자를 함께 조합한 광결합 소자이며, 사이리스터는 전력제어용 반도체 소자를 총칭하는 것으로 pn접합 다이오드가 기본 소자이다.

15 다음 그림에서 발진회로의 발진조건은?

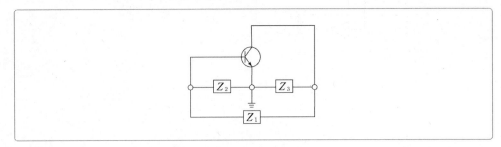

① Z_1 – 용량성, Z_2 – 용량성, Z_3 – 유도성

② Z_1 – 용량성, Z_2 – 유도성, Z_3 – 용량성

③ Z_1 – 유도성, Z_2 – 용량성, Z_3 – 용량성

④ Z_1 – 유도성, Z_2 – 용량성, Z_3 – 유도성

Point 발진조건
㉠ 하틀리 발진회로 : Z_1 – 용량성, Z_2 – 유도성, Z_3 – 유도성
㉡ 콜피츠 발진회로 : Z_1 – 유도성, Z_2 – 용량성, Z_3 – 용량성

» ANSWER

14.③ 15.③

16 집적회로의 특징으로 옳지 않은 것은?

① 크기가 대단히 작고 가볍다.

② 신뢰성이 높다.

③ 전력소모가 크다.

④ 조립공정이 간단하며 수명이 길다.

> 📢(Point) ③ 집적회로는 전력소모가 작다.
> ※ 직접회로(IC) … 작은 규모의 기판 위에 TR, 저항 등의 소자를 많이 집적하여 하나의 회로로 동작
> 하도록 만든 것이다.
> ㉠ 장점
> • 회로를 소형화시킬 수 있다.
> • 신뢰성이 향상된다.
> • 가격이 저렴하다.
> • 수리가 간단하다.
> • 기능이 확대된다.
> ㉡ 단점
> • 전압이 전류에 약하다.
> • 열에 약하다.
> • 발진이나 잡음이 일어나기 쉽다.
> • 정전기에 약하다.

17 60[Hz] 전원회로에서 맥동 주파수가 180[Hz]이 되는 정류방식은?

① 3상 반파형

② 3상 전파형

③ 단상 반파형

④ 3상 브리지형

> 📢(Point) 입력 주파수를 f 라 할 때 정류방식에 따른 출력 주파수
> ㉠ 단상 반파 정류 : $f = 60$[Hz]
> ㉡ 단상 전파 정류 : $2f = 120$[Hz]
> ㉢ 3상 반파 정류 : $3f = 180$[Hz]
> ㉣ 3상 전파 정류 : $6f = 360$[Hz]

>> ANSWER

16.③ 17.①

18 다음 브리지 정류회로의 B점이 징진위일 경우 정류된 전류가 흐르는 순시로 옳은 것은?

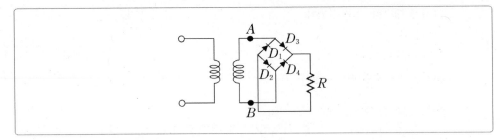

① $A \rightarrow D_1 \rightarrow R \rightarrow D_2 \rightarrow A$

② $A \rightarrow D_2 \rightarrow R \rightarrow D_3 \rightarrow B$

③ $B \rightarrow D_4 \rightarrow R \rightarrow D_1 \rightarrow A$

④ $B \rightarrow D_4 \rightarrow R \rightarrow D_3 \rightarrow B$

📣 (Point) 브리지 정류회로…반주기는 D_1, D_2를 통해 전류(i_1)가 흐르고, 나머지 반주기는 D_3, D_4를 통해 전류(i_1)가 흐르게 된다. B점에서 출발하여 정방향으로만 흐른다면 $B \rightarrow D_4 \rightarrow R \rightarrow D_1 \rightarrow A$가 된다.

19 ¡다음 그림과 같은 정전압회로의 설명으로 옳지 않은 것은?

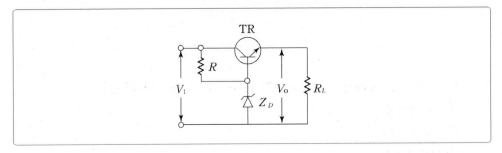

① Z_D 는 기준 전압을 얻기 위한 제너 다이오드이다.

② 부하 전류가 증가하여 V_o 가 저하될 때에는 TR의 순방향 전압이 낮아진다.

③ 직렬 제어형 정전압회로이다.

④ TR은 제어석이고, R은 Z_D와 함께 제어석의 베이스에 일정한 전압을 공급하기 위한 것이다.

📣 (Point) 저항 R은 전류를 제어하는 역할을 하므로, 제너 다이오드가 제너영역에서 동작 할 때, 다이오드 전류에 관계없이 다이오드 전압이 일정하게 유지된다.
TR의 입력전압$= V_Z - V_L$이므로 V_o가 저하라면 TR의 순방향 전압이 낮아진다.

20 다음 AM파의 변조도 m은 얼마인가?

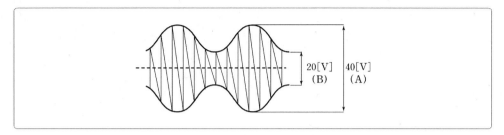

① 1

② $\dfrac{1}{2}$

③ $\dfrac{1}{3}$

④ $\dfrac{1}{4}$

🔊 Point

변조도 $m = \dfrac{\text{신호파의 진폭}}{\text{반송파의 진폭}} = \dfrac{V_m}{V_c} = \dfrac{\dfrac{A-B}{4}}{\dfrac{A+B}{4}} = \dfrac{A-B}{A+B} = \dfrac{40-20}{40+20} = \dfrac{20}{60} = \dfrac{1}{3}$

당신의 꿈은 뭔가요?

MY BUCKET LIST !

꿈은 목표를 향해 가는 길에 필요한 휴식과 같아요.

여기에 당신의 소중한 위시리스트를 적어보세요. 하나하나 적다보면 어느새 기분도

좋아지고 다시 달리는 힘을 얻게 될 거예요.

- [ ] _____
- [ ] _____
- [ ] _____
- [ ] _____
- [ ] _____
- [ ] _____
- [ ] _____
- [ ] _____
- [ ] _____
- [ ] _____
- [ ] _____
- [ ] _____
- [ ] _____
- [ ] _____
- [ ] _____
- [ ] _____
- [ ] _____
- [ ] _____
- [ ] _____
- [ ] _____
- [ ] _____
- [ ] _____
- [ ] _____
- [ ] _____
- [ ] _____
- [ ] _____
- [ ] _____
- [ ] _____

- [ ] _____
- [ ] _____
- [ ] _____
- [ ] _____
- [ ] _____
- [ ] _____
- [ ] _____
- [ ] _____
- [ ] _____
- [ ] _____
- [ ] _____
- [ ] _____
- [ ] _____
- [ ] _____
- [ ] _____
- [ ] _____
- [ ] _____
- [ ] _____
- [ ] _____
- [ ] _____
- [ ] _____
- [ ] _____
- [ ] _____
- [ ] _____
- [ ] _____
- [ ] _____
- [ ] _____
- [ ] _____

창의적인 사람이 되기 위해서

정보가 넘치는 요즘, 모두들 창의적인 사람을 찾죠.
정보의 더미에서 평범한 것을 비범하게 만드는 마법의 손이 필요합니다.
어떻게 해야 마법의 손과 같은 '창의성'을 가질 수 있을까요. 여러분께만 알려 드릴게요!

01. 생각나는 모든 것을 적어 보세요.

아이디어는 단번에 솟아나는 것이 아니죠. 원하는 것이나, 새로 알게 된 레시피나, 뭐든 좋아요.
떠오르는 생각을 모두 적어 보세요.

02. '잘하고 싶어!'가 아니라 '잘하고 있다!'라고 생각하세요.

누구나 자신을 다그치곤 합니다. 잘해야 해. 잘하고 싶어.
그럴 때는 고개를 세 번 젓고 나서 외치세요. '나, 잘하고 있다!'

03. 새로운 것을 시도해 보세요.

신선한 아이디어는 새로운 곳에서 떠오르죠. 처음 가는 장소, 다양한 장르에 음악, 나와 다른 분야의 사람.
익숙하지 않은 신선한 것들을 찾아서 탐험해 보세요.

04. 남들에게 보여 주세요.

독특한 아이디어라도 혼자 가지고 있다면 키워 내기 어렵죠.
최대한 많은 사람들과 함께 정보를 나누며 아이디어를 발전시키세요.

05. 잠시만 쉬세요.

생각을 계속 하다보면 한쪽으로 치우치기 쉬워요. 25분 생각했다면 5분은 쉬어 주세요.
휴식도 창의성을 키워 주는 중요한 요소랍니다.